ミドリによる日本列島の温暖化防止対策

森林評価士
不動産鑑定士
小倉康彦［著］

清文社

目次

目次を中心とした本書の読み方

本書は、林業に関しての本邦初の、マーケット理論を底流としているため、ご理解を得易くする手段として◎印の多くの項目を補助項目として組み立てました。したがって、車中での立読みも可能なように、まず、12頁までをお読み頂き、その後は適宜、内容を知りたい◎印の項目をお読み頂いて最後に本論をお読み頂ければ概要が分かる組立としました。

したがって、頁数の順にお読み頂く場合は重複面が多くなりますから適宜飛ばしてお読み下さい。

序論　13

◆中間的結論……57

◆中間的結論　終……77

本論　国産材のみが日本列島の温暖化を防ぐ　120

参考編 林業市場経済理論の基本的考え方

ミドリによる日本列島の温暖化防止対策

序論の概要

副題1…CO_2を吸収する森林は荒れ、日本の温度は世界の3倍上昇
副題2…森林により日本列島の温度を下げるには？
　下げられるか否かは国民の手中にある
副題3…日本の植林比率（伐採面積に対する植林面積）は、世界のワーストワン
　これでは日本列島の温暖化防止は夢のまた夢
副題4…国産材のみが日本列島の温暖化を防ぐ
本書の結論…政府が家計引当金の手当をしなければ森林による日本列島の温暖化防止は絶対に不可能

国民の皆様の応援がなければ日本列島の温度は下げられません

副題1の資料…新聞報道（左記）…日本近海の水温　世界の3倍上昇

報道記事…平成19年5月16日付け産経新聞記事の概要

気象庁の観測では日本周辺海域の年平均海面水温は過去100年で世界平均の最大3倍のペースで上昇。気象庁は「地球温暖化も一因では」との分析。更に、地球温暖化に伴う日本の**地上気温の上昇度と同程度**という。

副題2の一口解説…本書の結論を得るためには、政府と日銀による「企業と家計の調整」について**国会審議が大前提**です。つまり、このことは選挙権を有する国民の手中にあります。

副題3の資料…公表されています日本の植林比率と世界のワーストワンの植林比率

☆森林・林業白書の公表：昭和35年50・4％、同45年42・9％、同55年18・6％、平成2年8・2％、平成12年が6・4％です。以降の推移を↓5％↓4％↓↓と推察し、現時点ではゼロ％的と推測しました。
☆朝日新聞社発行の２００２年版（平成14年）の智恵蔵５１２頁で**世界森林白書**の集約として森林減少が集中している熱帯林の植林面積は、消失面積に対して依然として１割強と記述されています。

副題４の一口解説…国産材供給比率が僅か２割でＣＯ^{2}を吸収しているのが現状であり、外材では日本列島のＣＯ^{2}を吸収することが不可能なため、伐期収入内に全く**残存しない家計引当金を国会審議により手当てして頂いて植林を行って国産材の供給比率を高める以外、日本列島の温度を下げる方法はありません。**

本書は、どうすれば緑により日本列島の温度を下げることができるかを解説しています。
大筋としては、現在、続行中の林業計画経済路線から大至急、**林業市場経済路線へ転回し**↓家計引当金の手当をし↓十全な植林（保育）の実行↓植林比率の上昇↓**日本列島の温度を下げられる、**となります。**ゼロ％的な植林比率**は洞爺湖サミットの議長国の日本として全く不釣合いな**世界一悪い植林比率**です。**早急に脱皮しなければなりません。植林比率がゼロ％**

的となった直接原因は家計引当金が皆無であり、かつ、政府がその手当をしなかったからです。したがって、ゼロ%的の植林比率から脱皮する特効薬は家計引当金の手当です。

公共財の森林を売り食いしている日本の林業

破壊した公共財の森林を復活させるには政府の介入が必要

本書提言の**林業市場経済路線に転回**し、**家計引当金の手当**が必須

林業に係る生活費がゼロの実態を解消し、森林の持続を図れば温度は下げられる

資金調達の具体案…辻経済学博士のご教示により**本邦初**の政府・日銀による「**企業と家計の調整**」を行い、**担保は「森林の公益的機能の評価額」**と提言

森林破壊の**元凶は家計引当金が皆無**、森林の維持・造成・整備の原点は家計引当金の充足

家計引当金を充足すれば温度は下げられる

森林・林業白書の間違い…基礎資料の選択誤り→加えて**家計引当金の存在すら亡失→これでは温度を下げられない**

森林・林業白書での資料の選択誤り（採用する林分収穫表の選択）…加えて家計引当金の**必要性すら欠如**→林家は植林費等を**生活費に流用→無植林・無保育**→森林破壊、連動して林業倒産

☆家計引当金の必要性の欠如の事由…今後の林業政策について林野庁からの諮問に対して林学会は昭和27年に「存在しているのは経済学でなく経営学でしかない」（拙書「環境に直結する日本林業再生のビジョン。副題…本邦初の林業市場経済理論の16頁。以下、**ビジョンの本**といいます。）と回答され、現在も我が国の林業政策の指針とされています。

☆家計引当金の亡失の事由…答申された路線はドイツの自給自足林業のコピーですから家計引当金（相当額）が自動的に存在しているとの観念による亡失と思料します。

☆家計引当金の必要性の欠如の結果…答申により林業政策に経済学は不必要とされましたので健全型森林は不良資産型森林（ビジョンの本．144頁表4）に転落・民有林は林業倒産・国有林は経営悪化に転落しました。森林の維持・造成・整備のための再投資に要する資金は伐期収入から得られる直接費である植林・保育の引当金だけでは不可能であり、直接費を実行するための**家計引当金も必須の引当金**です。

その家計引当金は現下の過剰本数・モヤシ木・曲り木・枯損木が多い等の不良資産型森林（健全型森林もビジョンの本．144頁表4）における伐期収入には次期以降の立木一代（植林→伐採の繰り返し）に亘って**未来永劫残存せず**、現行の標準伐期齢を約2倍の筆者提言の経済的伐期齢（森林〈林地・立木〉評価の大改訂の本．第2部。〔以下、大改訂の本といいます。」」。本書138頁）に伐期を延長しても伐期収入の純収益内には未来永劫家計引当金は残存、即ち、存在しません。これでは**民有林を支える林業も国有林も倒産するのが当然**であり、厳しくいえば**家計引当金と企業の両面の調整を行う市場経済理論無くして倒産しない方が不思議です**。現在の林業路線の自給自足林業でも完璧な自給自足なら「家計引当金相当額」は存在しますが、既に関東大震災で**自給自足林業は崩壊**していますから結末は林業倒産・国有林縮小は当然です。

☆家計引当金の調達方法…机上理論としてビジョンの本の3頁注5で政府と日銀による企業と家計の調整案を提案し、辻経済学博士のご指導で実行に際しては公益的機能の評価額（本書125頁）を担保として家計引当金を手当すべきだとご教示頂きました。

☆速やかな林業市場経済路線への転回…新路線へ転回のうえ、**家計引当金の手当を行い**国産材供給比率を高め林業復活・健全型森林への復活・国有林活性化を実現すべきです。

☆林業市場経済理論の参考書…新理論は筆者の造語のため本邦では、拙書以外は皆無です。

1　家計引当金皆無に起因する主として民有林の森林破壊・林業倒産までのチャート

家計引当金**皆無**↓植林・保育の引当金を**生活費に流用**↓**植林比率ゼロ％的を筆頭**に超低保育比率↓森林破壊・林業倒産等↓地球サミットのテーマ「森林の持続」に**国家として違反**

2　「企業と家計の調整」による家計引当金の手当から林業の復活までのチャート
家計引当金の手当・造林補助金等↓十全な植林・保育の実行↓国産材の供給量拡大↓健全型森林への復帰↓**林業の復活・国有林や公有林の活性化↓森林の持続の達成↓日本国としての責務達成**

3　家計引当金が皆無を原点とする水害・渇水発生及び温度上昇へのチャート
家計引当金皆無↓植林・保育の実行が不能↓植林木が過剰本数↓陽光地表に届かず↓下草消滅↓**水害・渇水発生**。即ち**「水害は人災」**。一方、植林・保育の不実行↓細い直径↓少ない材積↓二酸化炭素の吸収能力の低下及び国産材供給量低下↓日本列島の温度が上昇。即ち日本列島の**温度上昇も植林・保育の不実行が原因なので水害と同様温度上昇も人災**。

4　全国会議員は水害を災害と誤認（本書62頁）。水害皆無の原点である十全な植林・保育の実行と同様の**「森林による温度の上昇」を人災と認識する方のみを国会に送らなければなりません**。

5　**温度を下げられるか否かは国民の手中にある**との事由は3と4の内容の通りです。

6　「森林の持続」が可能か否かの資料は、伐期収入内に植林・保育・家計の各引当金の試算が可能な資料が必須。その基礎資料は的確な伐期材積の査定が可能な現実林分収穫表で

表：現実林分収穫表（市場経済下：B表）と理想林分収穫表（白書：A表）との比較表

林分収穫表の名称 注：A・B表は仮称	現実林分収穫表（B表）は現実の材積等の表	理想林分収穫表（A表）は収支計算を考慮外の専ら林業技術的なベストの手法による表
採用の図書：検討対象の白書は連続性・整合性の観点よりH12・13年度白書のみにより分析しました。	大改訂の本．86頁の伐期収入の試算はB表。B表は林業市場経済下における表。	例1：H12年度白書68頁の注4の表。 例2：H13年度白書242頁の山元立木価格を試算するために採用した林分収穫表は理想林分収穫表とあだ名される。当該表は林業計画経済路線下の表。
収穫表の内容（九州・東北等の地域ごと樹種別）	ha当本数・直径・樹高・成長量（CO_2吸収比率の基礎数量）・材積等	同左
伐期齢の名称	経済的伐期齢（筆者提言）	標準伐期齢（森林法での規定）
伐期齢の林齢（植林から伐採までの林齢）	原則70～80年プラス20～30年も視野	ほぼ40～50年　注：伐期収入内に搬出費すら残存せず。死に体の伐期齢です。
同一林齢での伐期時の材積比較（指数）	100とする	下限が140。内40は、**現実に存在しない架空の「幻」の指数**故に材積は実数より**4割程度の過大**であり、許容範囲以上につき、超過大と判定。即ち、**経営分析資料としては誤り**。

同一林齢での伐期収入比較（推定）注：伐期材積を基礎に品等別材積比率と同単価により試算。A表は推定。	100とする	160～200以上（取り敢えず平均180と仮定)。但し、筆者は平均でも最低200程度と思料。100以上の指数は**伐期材積と同じく「幻」の指数**。平均180でも許容範囲より超過大。**経営分析としての活用には論外の資料。**
伐期収入内での家計引当金の残存の程度	残存せず	不能。即ち、**実態100プラス**幻の80の「幻」とか「**偽**」**の金額で白書は日本の将来を予測。結局、経営分析は不能**
上記の伐期収入の純収益の内容に照らした「白書」の不適切ないしは誤り例		①平成12年度白書68頁の幻の指数である山元立木価格に基づく造林投資利回りの試算根拠はA表、結果は誤り。 ②平成13年度白書２４２頁の山元立木価格も幻の指数を含めてA表により試算。したがって、**結果は誤り**。
その他、白書の不適切な点 注：白書としての連続性の観点より全年度に亘って不適切点が多いと推察		林業市場経済理論が存在しないため林業政策に**必須の「山元立木市場」「搬出市場」「苗木市場」の各市場及び「家計引当金」の概念すら存在していません。したがって、大筋の林業の経営分析すら以上の認識の欠如では不可能**
私的企業の林業と公益的責務の森林の造成等の可否	両立可能	私的企業の林業の復活は不能であり、連動して公共財である森林の維持・造成・整備も不能

す。

7　林分収穫表には「森林・林業白書（以下、白書といいます。）」が採用しています林業計画経済下の不適切な理想林分収穫表（以下、A表といいます。）と筆者提言の林業市場経済路線下の適切な現実林分収穫表（以下、B表といいます。）の2種類があります。

8　現実林分収穫表といわゆる、理想林分収穫表との比較表

9　林分収穫表に基づく伐期収入の試算から「森林の持続」までのチャート

求めるべき地域・樹種ごとに対応した適切な林分収穫表の種類を現実林分収穫表と決定↓伐期材積の査定↓伐期収入の査定↓伐期収入内に占める全引当金（植林・保育・家計）の有無を確認↓森林の持続の予測を確認↓森林により日本列島の温度を下げるための国是

10　家計引当金の担保…本書6頁の「☆家計引当金の調達方法」の通りです。

11　林業計画経済理論（白書）と筆者提言の林業市場経済理論の一口比較

表：林業計画経済理論（白書）と筆者提言の林業市場経済理論の一口比較表

	現行の林業計画経済理論（白書の林業政策理論）では**家計引当金の概念無し**	筆者造語の林業市場経済理論では家計引当金は造林費の概念と一体として共存
	自給自足国家（ドイツ）ないしは共産国の北朝鮮等が採用。資本主義の日本で共産国と同様な「量」重点の部門は林学と林業のみと推察	資本主義国家が採用の「効用」が重点。ビジョンの本のキャッチフレーズには「効用が世界一のヒノキ造の戸建住宅の建築」とした。
	自然（**林学会は、造林プラス採種業**）	自然プラス経済学（筆者提言の森林学）
質・量	伐期材積という量	市場価値という質
白書の家計引当金についての認識	最重要な経営分析の手法の造林投資利回りの分析内容等より認識は皆無と判断。林家のタコ配当の事実の定量分析をせずに**白書に「もっと植えなさい」「小規模林家の植え控え」等との文言が顔を出すこと自体が家計引当金の意義すら全く理解無しと断言ができ、家計引当金の分析を前提としない林業の経営分析では分析の意義すら全く見い出せません。**	

最後に白書がいう6つの各種公益的機能を叙情的な一口言葉で並べてみました。

森ありてキレイナ空あり　　森ありて小鳥さえずる
森ありてオイシイ空気あり　　森ありてハイキング・森林浴
森ありて酸素あり　　森ありて緑のダムあり
森ありてキレイナ水あり　　森ありて砂漠・ハゲ山なし
森ありてオイシイ水あり　　森ありて渇水なし
森ありてキレイナ川あり　　森ありて水害なし
森ありてキレイナ海あり　　森ありて国産材の供給あり
森ありてリス、ウサギが跳ねる　　森ありて二酸化炭素が減る
森ありてサカナ・牡蠣も育つ　　森ありて日本列島の温度が下がる

◎国産材ありて森林の持続・日本列島の温暖化防止・6つの公益的機能あり

1つ　水源かん養機能　　2つ　土砂流出防止機能　　3つ　土砂崩壊防止機能
4つ　保健休養機能　　5つ　野生鳥獣保護機能　　6つ　大気保全機能

序論（次行の拙書の概要）

◆本書は、拙書「日本林業再生のビジョン。副題…本邦初の林業市場経済理論」のダイジェスト版

序論の概要で本書の結論は森林・林業白書の将来分析が大きく間違っている、**これでは、21世紀の森林・林業のビジョンはたてられない**、ということがお分かり頂けたはずです。即ち、日本の将来にとって極めて重大な内容を記述しています。

日本林業再生のビジョンを昨年5月に上梓して以降、学識経験者である林学者から賛成の手紙と審議会委員をされた林学者からは「反省しています」のお手紙以外**クレームとか反論が皆無であったので自信をもって本書を上梓しました**。本書は、本邦初の林業に係る市場経済を導入した理論の本であるため**意識して重複解説**していますのでお含み下さい。

◆森林・林業の公益的意義から家計引当金の調達及び手当までのチャート

第1　森林・林業の公益的意義

林業は**公共財の森林**を造成する公益的私企業、森林は公益的機能を有する公共財

第2　現在の林業倒産・森林破壊の原因も（本書6頁1）**今後の林業復活・森林整備の原資も共に家計引当金**（本書7頁2）

第3　伐期収入内の家計引当金は**未来永劫皆無**

大改訂の本の執筆に際しての小倉式立木評価方式の提言時の試算結果による判定であり、価格時点は平成13年4月1日です。大改訂の本第二部第四章を参照して下さい。

第4　林業は公益的私企業故に、森林破壊の原点であるのと同時に森林の維持・造成・整備の原点でもあるので、家計引当金の手当をすべき責務が**政府**にある

第5　当該資金調達の具体案…政府・日銀による企業と家計の調整（本書4頁）

第6　実践的具体案は白書公表の公益的機能の評価額を担保

平成12年度林業白書での「森林の公益的機能の評価額」（本書125頁）

第7　【◎　**21世紀のあるべき森林・林業のキーワードは家計引当金**】（本書73頁）

◎　**林業は原則として私企業であり、一方、公共財の森林を維持・造成・整備する林業は実体上公益的私企業**

◎　**林業は公益的私企業故に森林破壊及び維持・造成・整備の原点である「家計引当金皆無」を手当すべき責務が政府にある**

第1の「公共財」についての補足説明

公共財（public goods）の解釈を中山伊知郎他編の経済辞典によりますと「国防・警察または一般道路などのように、各個人が共同して消費し、他人を消費から排除できない財・サービスであり、このため市場では供給されず、政府・地方公共団体が供給する」と記述されています。しかし、森林の場合、国民全員が消費しています。さりとて、関連の用語「半公共財」「集合的消費財」ではありません。したがって、筆者としては、経済学の大先生も森林には弱い、との誠に自分勝手な解釈で日本のみならず「**世界中の森林は公共財**」であると本書では定義しておきます。なればこそ地球サミットのテーマを「森林の持続」と決定されたのだと解しています。

後は、経済学会の問題でもありますから、学識経験者の判断を仰ぎたいと思います。

森林の機能とは、白書の解説から判断しますと平成12年度の林業白書の「森林の公益的機能の評価額（年間で単位は兆円）」の表の注1で評価額は「森林がないと仮定」した場合と現存する森林を比較することにより算出したもの、とされています。

即ち、土地と立木を含めた森林の経済的評価額から林地価額を控除した金額が本書12頁の6つの公益的機能の評価額である、と読めます。また、筆者造語の9−2「林地の元本理論」からも森林の有機性が判別できます。

次に、林業と森林の有機性についてみてみましょう。現在までの私有林は林業という私企業のみによって形成されているとの理解でした。今後の私有林は前述の通り、公共財の森林の整備等をする**公益的私企業であると衣替えをすべき必然性**があります。

公益的私企業の林業の健全な発展により維持・造成・整備される森林の機能は企業目的である木材の生産以外に本書12頁の6つの公益的機能も公益的私企業である林業経営者によってのみ人間に必須の自由財（対価を払う必要がない、例としては水・空気）である酸素等を供給する能力をも生産していることになります。

本邦の経済学の第一人者中山伊知郎編の経済辞典での公共財の定義と異なりますが、白書がいう本書12頁の6つの公益的機能は森林のみが有する酸素供給・二酸化炭素吸収等の自由財であり、私有林については、私有の森林のみが有する自由財は林業という公益的私企業によってのみ生産され、赤子も含めた、それも生まれてから死ぬまでですから公益的機能の享受という点では辞典の定義より遙かに公共財としてのランクは上位に位置します。私・公・国有の森林にかかる木材供給以外の公益機能は、国民全員が消費し、個人を消費から排除できない財であって市場で供給されませんから公共財であると思料します。また、公共財の類似語の半公共財、集合的消費財にも馴染みませんから落ち着く先は公共財しかないと思料し、本書では、筆者の独断で森林は公共財と定義し、林家は林業を生業とする公益的私企業であると定義しました。

◎　筆者提言の本邦初の「林業市場経済理論」に対する林学者等の意見の集約

昨年、上梓しました本邦初の林業市場経済理論の本であるビジョンの本を謹呈しました林学者、林野庁ＯＢ等のご意見の集約を表として纏めました。

ビジョンの本を出版してから、その反応が気になりながら1か月が経ち、2か月を過ぎ10か月以上も経過した今、前述の記述を総括しますと本邦では、初めての理論の本でありながら**林学者からの反応**は次表の通り、賛意と反省と沈黙の三つに分かれ、**反論、クレームは皆無**です。一番気になる林政・国政の担当者からも批判・反論は一切ありません。しかし、**沈黙とは友人の他部門の学識経験者の話の通り、消極的賛成と読んでいます。**

反対・クレームが皆無である以上、沈黙という消極的賛成・賛成・積極的賛成にかかわらず過去との整合性・連続性は必ずしも必要性がありません。

次表の通り、賛成・反省・沈黙の学識経験者の方々等の一覧表を掲げておきます。

ビジョンの本を謹呈しました林学者の賛成・反省・異議・沈黙の反応は結論として、異議は皆無であり、賛成・反省・沈黙の概要は右欄の通りです（平成20年3月末現在）。	賛成	元東京農工大教授岡　和夫先生に拙書「大改訂の本」を出版する際に推薦の辞を頂戴しましたが、その内容は、先生自体「生きた林学」と「ドイツ林学」との融合性に悩まれた内容でありました。即ち、市場経済理論が林学会に存在しないための悩みであると受け取りました。次いで、この本に筆者の造語として「経済的伐期齢」の外、3つもの「経済的・・」と、何故、「経済的」と冠せざるを得なかったのか、とお尋ねしましたところ、明治から現在まで、そのようなマーケット理論が林学会には存在していなかったからだ、とのお答えで、この理論を「林業市場経済理論」と命名することにしました。 飛岡次郎三重大名誉教授からお葉書で「ご著書が林業市場経済理論の先導的役割を果たされることと期待致しております。」と激励の内容を頂戴し、現在の林学から森林学等への名称変更の提案にも賛成して頂きました。
	反省	A林学者からは「政府委員として林野行政にも参画していましたので責任を感じています。」とのお葉書を頂戴しました。
	沈黙	今後の林業政策路線について林野庁からの諮問に対し新路線を「林業計画経済路線」で進むべきである、と答申された林学会の流れを汲む東大の林政学の前教授と現教授の両先生に前述の岡　和夫先生のご指示があって謹呈させて頂きましたが、両先生からは謹呈に対し、全く反論・クレームも無く、沈黙のままです。
	その他、元林野庁長官をされたお二方及び林業関係の外郭団体の殆どに謹呈しましたが、その代表者等も全員沈黙のままです。	

注：再掲ながら以降の（　　）内の頁数について特に、断りのない場合は、拙書「環境に直結する日本林業再生のビジョン〈2007年5月15日清文社発行〉の略称である「ビジョンの本」の頁数を指します。

◎ 比較森林学の新設（提言）

現在の林学に比較林学という部門はありません。筆者の提言の「比較森林学」は、ビジョンの本を上梓した後で亡失していたことに気付きましたので、今回、追加の造語です。提言としては林学に経済学も比較考慮及び比較考量した比較森林学という学問が存在していたならば後述の通り明治時代に既に森林学が誕生し、輝かしい成果を上げていたはずですし、**戦後に導入していたなら林業倒産・森林破壊には至らなかったと断言できます。**

日本の林学に比較林学（筆者提言は比較森林学）という学問が存在していたなら明治時代といわず戦後直ぐに、林業市場経済理論は、不動産鑑定評価基準の基礎の理論である「不動産市場経済」より一足早くアメリカから上陸していたのではないかと思います。

戦後直ぐのフルブライト留学生により不動産鑑定評価基準より早く「市場経済」を導入できたはずです。１９４６年アメリカ上院議員フルブライト氏の提案によるフルブライト計画によりアメリカと諸外国の相互理解を深めるため、約50の国、９万人も給付を受けており、日本は昭和27年から発足しています。この昭和27年という年は**林学会から今後の林業政策は「造林プラス採種業」だ、と林野庁へ答申**した年です。日本では18年間で４２３８人もの方が給費を受けていますから林学部門の内林業政策部門も受けた方がいるはずと思料します。

にもかかわらず、現在まで昭和27年の答申に対する意見が皆無ということは理解に苦しみます。主任教授が留学に際しての研究テーマを制限したとか、帰国してからの発表を阻止されたとか何かの問題がなければ、昭和30年代に「林業市場経済理論」が誕生していたと思料します。筆者が知る閉鎖的な、言論の自由の制限等が見られる林学会の空気から以上のように推察しています。

もし、フルブライト留学生としてアメリカで「**林業市場経済**」**の研究をされた方がいらっしゃいましたら**当時のレポートなりを発表し、呱々の声をあげたばかりの林業市場経済理論の発展のため、**お力をお貸し願いたいのです**。

筆者提言の本邦初の林業市場経済理論の書評について前述の通り、謹呈しました東大の林業政策学（林政学）の前（名誉教授）、現教授を初め、他の学者の方々からは誰一人としてクレームも反論もありませんでした。なお、林野庁は一切、音無の構えです。

林野行政の分野としては林野庁長官（謹呈先は指導部長）と林野庁での現役時代に、ご指導を頂いた隣接課の課長であった秋山元林野庁長官及び私が34年前に急遽、林野庁の課長補佐から脱サラをしたことに伴い中途半端な仕事を引き継いで頂き、ご迷惑をおかけした後任の松田元林野庁長官及びマーケット理論と関係する外郭団体の多くの長の方にも謹呈させて頂きましたが、全く批評も反論もありませんでした。

なお、筆者が造語しました「林業市場経済理論」に対する東大の林業政策学の前・現教授が一切反論もクレームも無かったことに大きな意義を感じています。

筆者は大学時代林学の授業は専門課程の最初の1か月しか受けていないため、教科書は1冊も購入していませんが、1浪後の人事院試験の受験に際して同級生から借りた教科書が東大の島田教授の本でしたから戦後の林政（林業政策）の第一人者は東大の島田教授であったと、思っています。

このように**戦後の林政の第一人者であった東大の島田教室の流れを汲む東大の林政学の前・現教授からもクレームとか反論が無かったこと自体少なくとも合格と自己採点してもよいのでは、と思料しています。**過去との整合性等に重点をおきますと林野行政の方々としては当然、消極的賛成の立場をとらざるを得ないことになりましょう。特に、脱サラ時に同じ課の隣の民有林班におられた前述の後任の方である元林野庁長官の松田さんに電話でお聞きしたかったのですが、お返事が十分想定できましたので敢えて電話をしていません。多分、「改革には大義名分と継続性と整合性と転換の時期、それに巨額の資金の手当が必要だ」と言われたと思料しています。いいえ、中途半端な質問は元長官という立場上、場合によってはご迷惑をおかけすることは必至のため本心は電話をしたかったのですが敢えて電話はしていません。

明治からこの執筆時点も含めて学識経験者の林学者を初め林学系の全学生はマーケット理論を教わっていませんから私は勿論、明治から現在までの歴代の林野庁長官を初め全ての林野行政の職員も林学・林業にマーケット理論が必須の理論だということをご存じなかったのですから**林業市場経済を導入しなかったという行政の責任は当然酷というより何等責任は無いと思料します**。

したがって、日本林業再生のビジョンとして「林業市場経済理論」を導入した場合、**森林・林業白書との継続性・整合性が崩れるのは止むを得ないことだ、というより**失礼ながら180度の方向転換のための事務の煩雑等で大変になりましょうが、**継続性・整合性が無くなって当然と思います。この方向転換に伴う痛みは未来へ向けてプラス思考で永遠に続くのですから躊躇すべきではありません**。

そのような過去との整合性・継続性云々より**将来である21世紀以降の明るい森林学・林業のため「林業市場経済」に一刻も早くイノベート（改革）すべきです**。過去との整合性等が崩れるとの事由で**市場経済へ転回しなければ**、本書で説明しております通り、**森林の持続は**

不可能となり、必然的に日本列島の温暖化防止対策は不十分となり、水害の程度も更に大きくなり、その他の公益的機能の発揮も大きく低下し、国家として地球サミットのテーマ「森林の持続」違反となります。

過去の歴史、過去の資料に重点をおけば不整合・不連続という意味で改革の足を引っ張ります。過去に重点をおけば新しい「森林の持続」の手段は肯定されません。とにかく、視点、重点は過去でなく、未来です。21世紀以降の森林の持続方法です。

過去とのしがらみを打ち切らないと前進はあり得ません。経営理論の父といわれたドラッカー氏が言う通り日本林業の林業政策路線としては市場経済への転回という変化を拒絶すべきではありません。

ドラッカー氏は日本人向けの「ドラッカーの遺言（ビジョンの本の巻頭）」で「時代は変わった」として時代が変わったことを認め、その変化に対応していくための意識改革に取組むべきである。変化を拒絶してはならない（まえがきの次）と言っておられます。時代が変わった、という国民の関心の程度のトップは、何といっても地球温暖化防止でしょう。日本としては、日本列島の温暖化防止、次いで、水害防止、国産材供給等と続きます。新聞記事によりますとアメリカの大統領選挙の鍵は地球温暖化防止と環境と伝えています。

また、一般の読者の反応としては、専門的でなく、平たい表現で「ミドリによる地球温暖化防止」の本を出してくれとの要望がありました。この読者は、本心は日本列島の温暖化防止対策と言いたかったのだと思います。更に、安価な本を、という希望もありました。

ですから、**大学等で教える林業政策も林野行政も国政も「時代が変わった」「国民の意識が大きく変わってきた」ことを新しい理論の転換点**とすればよいのです。**国民の意識改革こそが「マーケット理論」への転換点**であり、導火線であり、大義名分です。

大転換する場合、古今東西を問わず、過去とのしがらみは前進のため、改革のため、なるべく影響度が少なくなるように比較考慮（定性的比較）及び比較考量（定量的比較）すれば上出来だったはずで、むしろ、考慮外の方が多かったのではないでしょうか。**比較考慮及び比較考量したくてもできなかったケースの方が多かったと思料します。**

国民の意識改革が大きく変わった場合は林政も国政もコペルニクス的転回でよいのではと思料します。また、国民の意識改革が始点であり、視点でもある場合は過去との不整合性・不連続性等も許されるべきです。でないと、**古今東西にかかわらず改革という2文字は死語と化しましょう。**決断なくして改革なしです。**中国の計画経済（量）から市場経済（質）へのコペルニクス的転回が良き先例**です。

資本主義の我が国で計画経済を政策の基本路線としているのは林学と林業だけのはずです。恐らく、林業とは全く無縁の国民の皆様も俄には信じられないことでしょう。

本書45頁で中国の国家体制との比較で記述しますように日本の林学・林業体制は、恥ずかしながら「頭が資本主義で胴体が北朝鮮（量というより本数重点の主体林業）と同じく共産主義（ないしは崩壊した自給自足林業）国家」です。この転回すべき時期こそ、現在のシステムをマーケット理論に切り替えるべきだと考え、イノベーションの動機、その改革の時期に重点をおいてビジョンの本のダイジェスト版を執筆致しました。

ビジョンの本は林業市場経済理論の本としては未完成の本です。それも、そのはずです。

本書152頁の写真は、ペリーが嘉永6年（1853）7月、我が国に黒船で初めて浦賀に入港した頃（最近の筆者の調べでは15年程後のことと推察）には、既にフランスでは林業に係るマーケット理論が導入されていた結果、木材の代替品として中層のコンクリート造の建物が実用化されていたことを物語っています。**この中層のコンクリート造の建物の実現こそ「林業市場経済」が発達していたという歴史の証左です**。それもヨーロッパで唯一の自給自足林業国ドイツの隣国ですから**明治政府の見落の証拠でもあります**。もし、比較森林学が生まれていたなら市場経済理論の必要性が発見できたはずです。

本書は、林業に係る市場経済の本としては、林学が学問体系の一つとされた明治初頭からでも一世紀半にもなろうとしているのに初めての理論の本です。

したがって、ビジョンの本及びダイジェスト版は筆者のいう「林業に係る市場経済」の「アド・バルーンの本」という中味の程度ですが、私自身が薄学の上、今後研究する肉体的残存期間が極めて短いと予測されるため「新理論導入の必然性」程度のアド・バルーンしかあげ得なかったことをお許し頂きたいと思います。

当該理論は本邦で初の理論ですから体系化するには林学、改名希望としては森林学等は明治の初頭から現在も経済学を踏まえた思考は皆無的でしたから林業市場経済理論を取り敢えず纏めるにしても、5年とか10年の基礎的研究期間が必要だと思料します。

資本主義の我が国では国際関係・政治・社会・経済・産業のどの部門をとっても国会議員を始め国民の全員が林業もマーケット理論を採用していると信じて疑わないはずだと思います。ところが、林業に関してというより林業を指導する学問である林学（改名希望としての森林学なら当該理論を当然導入していたはずです。）に約一世紀半という長い間マーケット理論が導入されていなかったのです。

今回、森林学・林業にもマーケット理論導入の必然性がある旨のアド・バルーンをあげて遺言のような気持ちで未完成ながら早めに上梓したのです。

◎森林の公益的機能に経済財として二酸化炭素の固定機能を追加すべき

白書がいう6つの公益的機能はすべて自由財ですが、一つだけ、今後取引の対象になりうると予測される「二酸化炭素の固定量（経済財）」があります。更に、固定量の取引が活発**になれば、日本列島の温度低下に直結することになりますから政府として当該取引を奨励すべきです。**

◎政府は二酸化炭素の固定量の取引の立上げを

この二酸化炭素の固定量の取引が活発化すれば、する程、連動して日本列島の温度は下がることになります。政府としての新規事業の一つとして立ち上げて頂きたいと思います。

森林の無形の財は前述の通りですが、森林の有形の構成要素の林木（市場で供給される林木は木材）から生産される木材は市場で供給されますから疑うことなく経済財です。

しかし、森林の構成要素の林木には、**原則として二酸化炭素を固定できるという独特の公益的機能を有しています。**蛇足ながら白書の6つの公益的機能以外にこの二酸化炭素の固定**機能という地球で唯一の公益的機能があり、**その評価額は本書85頁の【◎ CO_2 の削減目標マップの作成も可能】で記述します高知県の例のように、**今や、経済財に変わろうとして**

いる時代の流れに留意する必要があります。

本書は、森林は公共財であり、**この公共財を維持・造成・整備できるのは林家及び国有林・公有林が行う林業をおいては、**現在の公共財の定義の政府、地方公共団体では**造れないとの理解にたっています。**この森林という公共財を造る林家が行う林業の第一歩である植林・保育の実行が「**家計引当金皆無**」**のため植林・保育引当金が生活費として流用され、**そのため、白書の公表の通り、**無植林・無保育が40年間以上も続き、**そのため、林業は倒産し、**公共財である森林は破壊**しました。

即ち、**公共財である森林が破壊した、**ということは地球サミットのテーマである「**森林の持続（公共財という理解でのテーマと思料します。）**」**違反です。**

日本国が健全な公共財である森林を維持・造成・整備を可能にできる道は**只一つ政府と日銀による「企業と家計の調整」**しか方法がありません。

公共財の森林が無くなるか復活できるかは国会議員の良識にかかっています。

是非、実現をお願いする次第です。できれば洞爺湖サミットの議長国として開催までに大筋の道をおつけ頂きたいと思料します。

公共財は一般的に辞典の通り、政府・地方公共団体がつくるものですが、森林という公共財のうち民有林は林地という個人中心の所有の林地に立木という果実を生み出して整備するのが民有林の森林ということになります。即ち、林業は歴史的経緯より公共財である森林を維持・造成・整備する公益的私企業という理解にたっています。

公益的私企業なればこそ、資本主義国家が採用している諸外国に倣って、**我が国のように健全な林業の発展及び健全型森林への復活の原資が家計引当金である場合、**「政府・中央銀行（日本は日銀）は一国の経済全体を調整している例に倣って**日本列島の温度を下げるために我が国初の家計引当金の手当をお願いしたいのです。**

白書の題名である森林・林業は、森林と林業の**自然的・社会的・経済的・行政的条件**によって命名されたと読んでいます。**この定義を国民に向け森林・林業白書の冒頭の基本認識欄の最初に、**それも、**各年度の共通項目として毎年記述すべきだと筆者は思料します。**

平成12年度まで林業白書という書名が平成13年度から森林・林業白書と改名された時の説明では世間で森林という言葉が膾炙されだしたため、と読んだ記憶がありますが、受動的な改名ではなく国家の施策、**国是としての改名事由**を説明すべきでありました。白書自体が国民に向け森林及び林業の相関関係を自主的に説明し、林業白書から森林・林業白書に改名すべき社会的・論理的説明をし、**国民に林業は森林という公共財を造成する公共的私企業とい**

う社会的責務を有する旨を説明し、理解と協力を呼びかけるべきでありました。白書の題名が改名された年度の白書の「はじめに」を読みますと間接球としては現下の林業情勢の解説から判読はできますが、改名の事由には触れていません。

次に、**林業は**原則私企業ですが、一方、公共財の森林を維持・造成・整備する林業ですから**実体上公益的私企業**であり、このことを**全うするためのキーワードは家計引当金**です。本書73頁の【◎　21世紀のあるべき森林・林業のキーワードは家計引当金】を参照下さい。

◎　本書6～10頁の10項目のショートアンサー

以下の内チャートは1～9までで10は、家計引当金の担保についてです。

当該チャートは、本書6～10頁の通り**家計引当金皆無**↓植林・保育引当金を生活費に流用↓植林・保育引当金皆無的↓超低比率の植林・保育比率↓国産材供給比率2割程度に低下↓「森林の持続」の実行不能寸前↓地球サミットのテーマ『公共財の「森林の持続」』違反↓日本国の責任で家計引当金の手当を行うべき必然性がある、となり、以降5、6、7と続き9が本書の副題「森林により日本列島の温度を下げるための国是」となります。

本書12頁の6つの公益的機能の充実は勿論のこと、18の「森ありて…」もすべてキーワードは、家計引当金の手当及び充足です。

1　家計引当金は森林・林業の歴史・ビジョン考察の原点

林業倒産・森林破壊の原点であると同時に全く逆の林業復活・森林整備の原点

△本書6頁1の通り林業倒産等の場合は家計引当金が皆無

△本書7頁2の通り林業復活等の場合は家計引当金の手当→家計引当金は充足

2　家計引当金が充足→林業復活等のチャート

家計引当金が充足→十全な植林・保育の実行→健全型森林に復活→林業復活

3　以上より**21世紀の森林・林業のビジョンのキーポイントは家計引当金の充足**

4　水害及びCO_2吸収量低下による**温度上昇**は共に**人災**という論理

家計引当金皆無→無植林・無保育→水害発生・CO_2吸収量減→温度上昇

したがって、水害発生・**温度上昇の発生原因の原点**は経済的行為の家計引当金皆無→不十分な植林・保育の実行行為の事象故に共に人災です。

したがって、水害発生・温度上昇及び**すべての公益的機能の低下は人災ですからすべて**

家計引当金の手当及び充足で対処が可能となります。

5　家計引当金の手当…本書6頁「☆家計引当金の調達方法」による

6　現在の全国会議員は「水害を災害」と誤認（本書62頁）

◎「水害は人災」と同じ底流の「森林による温度上昇も人災」についての正しい認識がなければ日本列島の温度は下げられない

7　次の選挙での国会議員には、「水害は人災」と同様「森林による温度上昇も人災」と認**識される方のみしか森林に係る環境問題を任せられない**

8　**したがって、温度を下げられるか否かは選挙権を有する国民の手中にある**

9　副題の概要…**林業市場経済理論体制へ転回しなければ日本列島の温度は下げられない**

10　本書4頁の企業と家計の調整のための担保…本書125頁の表「平成12年度林業白書での森林の公益的機能の評価額」

林業倒産・森林破壊及び相反する林業復活・森林整備・公有林と国有林の活性化の鍵である家計引当金の概念すら存在しない林業計画経済理論の林野行政路線及び白書の路線を**「家計引当金の充足」を原点とする林業市場経済理論体制へ転回しなければ林業復活・健全型森林への復活・国有林等の活性化の実現は前述の論理より不可能**

◎白書の林業経営分析は林業倒産等の原点である家計引当金の分析が皆無

結論から先に申し上げますと白書は林業といわずドイツのように完璧な自給自足林業（但し、家計引当金相当額）は例外としてすべての企業の経営分析に家計引当金の存在が大前提であるにもかかわらず家計引当金の残存が必然ということを度外視して経営分析を行い、日**本林業・森林の将来の予測という林業政策をたてていたことになります。**

ちなみに、日本の林学・林業も完璧な自給自足林業を国是としていたならば森林の持続が可能で自動的に家計引当金相当額が伐期収入に包含されていたことになりますから森林の持続次元では何ら問題は生じていないことになりますが、重複説明の通り、大正末期の震災を境に自給自足林業を継続するための原資は枯渇してしまい、加うるに、伐採、即、植林等の森林の持続のための厳しい法規制もなかったわけですから**必然的に「家計引当金相当額」が伐期収入に残存する可能性が無くなったことになります。**その結果、既に述べましたように**林業倒産・森林破壊・国有林縮小になるのが当然の結果でありました。**

この解説は本書46頁【◎　森林・林業白書の間違い、不適切な案件は大筋で5点】の第1点の事前説明の項目でもあります。

平成12年度の白書68頁の「造林投資の利回り相当率」を一目見ただけで大間違いと分かりました。その事由は、家計引当金がなければ植林を実行できないわけです。植林の実行ができませんから**家計引当金を考慮・考量外とした「造林投資の利回り相当率」を試算しようという試み自体が無意味なことになります。**白書の造林投資の利回り相当率がプラス％であろうが、マイナス%であろうが、何の意味も意義もありません。

林学会は家計引当金の存在、意義もご存じなかったわけですが、現実問題としてビジョンの本の参考資料のように森林組合が請負をしている実態調査をしておれば生活費皆無故に植林・保育引当金からタコ配当をして生活しているという事実が判明できたはずなのに何故無策に時を重ね、森林破壊・林業倒産という事態まで手を拱いて何ら対策もせず「もっと植えなさい」と非現実的なことしか言えなかったのか本当に理解に苦しみます。

筆者としては、大改訂の本で現今の森林・林業の経営分析を既に終わっていましたので白書の中の2・5%等という負数でない正数の比率をチラッと見ただけで上述のように間違いが**直ぐに分かりました**。このような基本的な間違いを林野庁以外の方に知れたら大変なことになるとの思いで林野庁自体で自主的に軌道修正して頂こうと講演内容をはみ出して平成13年12月に林野庁ＯＢの高官を対象に「大間違いの白書で林野丸は日本を引っぱっていけるのか」とのレジュメで講演をし、講演の要旨を林野庁にお伝え下さいと講演を終わったのですが、話を聞いて頂いた元局長・部長等の高官も大学では林業計画経済下の勉強をされた方々ばかりですから、つまり、経済学を踏まえた森林学の勉強が皆無でしたから講演内容の咀嚼ができなかったようです。6年間程その後の様子を見てから止むを得ず不本意ながら古巣を非難するようなビジョンの本を上梓せざるを得ませんでした。

端的な表現でいえば**家計引当金の忘却が林業倒産を招き、森林を破壊した**といえます。

すぐ後の表「ある政党・白書・林学会・本書の基本的考え方の比較表」と重複した説明になりますが、一般の方が当該表を見るまでの予備知識という意味合いで説明致します。

平成13年度白書242頁の山元立木価格（注…平成20年度の白書も平成12年度と同種の計算方法）を求めるための基礎となる材積は理想林分収穫表によっています。この山元立木価格の試算は、経営分析は専門でも林業は専門でない研究機関が作成したものです。したがって、結果は4割の架空の材積が上積みされ、一方、山元立木価格は、筆者が平成12年頃のアバウトの試算では適正な価格の2倍以上でありました。納得が出来ないため、担当者Y氏に確認したところ、単価の決定方法も極めて不適切なアンケート方式によっていると判明。本来、**アンケートでは絶対に馴染まない価格**です。白書は、昭和30年から47年間、この山元立木価格を採用していますから結果として、材積は4割の「幻」、山元立木価格は甘くみて平均で8割（最低6割程度から最高10割、即ち、適正な山元立木価格と同額以上の「幻」の価格を含んでいることになります。この「幻」**を含んだ山元立木価格を白書は47年間も採用し、この価格を基礎に造林投資利回りを試算し、誤った日本林業の過去の分析、将来予測を**

行ってきたことになります。本書で提言しています林業市場経済理論ではこの山元立木価格、即ち、**伐期収入の純収益の分析**こそが現代の経営分析であり、**日本の将来の森林・林業の予測の最大・最高の武器**と考えています。

林業の経営分析に当たって純収益である山元立木価格内に次世代への再投資用の造林費（植林・保育引当金）及び造林を実行するための生活費充当金（家計引当金）の過不足を造林補助金も含めて**総合判断を行って林業政策を樹立すべきでありました。**総合判断に採用する基礎資料に理想林分収穫表を採用しますと平均8割の「幻」とか「偽」とかバブルの純収益が実額にプラスされるため基礎資料には**現実林分収穫表を採用すべきでした。白書は8割もの「幻」の純収益を40年間以上も適正な価格にプラスして今後を予測してきたのですから林業倒産、国有林縮小、森林破壊にならない方が不思議です。**

本書6頁1で記述しましたように家計引当金は林業倒産等のキーワードです。

この経営分析によって例えば、昭和何年度から家計引当金が不足し始めたかが判明し、植林比率等の低下の原因が家計引当金の不足によるものだと判明すれば、この引当金の手当の方法にも判断が及んだはずです。また、家計引当金の充足は、同時に本書7頁2の通り林業復活、健全型森林への復帰のキーワードです。直ぐさま軌道修正をすべきでした。

したがって、政府と日銀により「企業と家計の調整」を行って、家計引当金を手当して林業復活、森林の復活整備のため、**速やかに、林業市場経済に転回しなければなりません。**

なお、林業の経営分析のサンプルとしては、大改訂の本．第2部、特に、86頁の表に類した表を基礎にプラス各引当金、造林補助金等を加味して分析することになりましょう。更に、付け加えますと平成13年度白書の242頁の山元立木価格の試算者は一般的な経営分析の専門家の不動産鑑定士ですが、林業に関しては決して専門家ではありません。

白書の中では一番重要な今後の指針とすべき収穫表は現実林分収穫表であるべきなのに**何故、林業の専門家でない者が試算した理想林分収穫表に基づく山元立木価格を採用したのか理解に苦しみます。**何故、林野庁自身で試算をしなかったのでしょうか。

◎自給自足林業と林学会の答申内容の造林プラス採種業とは同義語

本書11頁の表「林業計画経済理論（白書）と筆者提言の林業市場経済理論の一口比較表」1行目の（　）内の**白書の林業政策理論では家計引当金の概念無し**という文言と上から9行目の（　）内の**林学会は、造林プラス採種業**という文言については、共に、本書の**キーワードである「家計引当金」の概念が存在していないことを示しています。**いささか、ややこしいので補足説明を致します。

◎　自給自足林業の歴史

そもそも自給自足林業の歴史は、何千年もの昔は木材と食料を交換する産業だったはずです。ドイツが19世紀に自給自足林業国家を立ち上げた事由は、陸続きのヨーロッパで一旦戦争が勃発した場合に木材の輸入が不可能になるための自衛手段であったことが観光旅行の際の筆者の質問から納得できました。何時もの通り、林業について疑問がある場合と同様に何故自給自足林業が生まれたかについて現地在住のガイドに質問したところ営林署等に問い合わせていたのでしょう、5日程してから「ヨーロッパは陸続きのため、一旦戦争が勃発すると木材の輸入は不可能になるため、必需品である木材を自給自足林業で調達することにした。」と回答されましたが、筆者は、その事由を納得し、信じています。ドイツの自給自足林業の歴史は特別でしょう。通常、自給自足林業は林業という産業が物々交換も含めて生活費を充足さすための収支の上から成立することを前提として発生した産業であると推測します。本書73頁の【◎　21世紀のあるべき森林・林業のキーワードは家計引当金】の通りであり、また、本書6・7頁の1、2で説明しましたように林業倒産等及びその反対の事象の林業復活のキーワードでもあります。連動して、当然、自給自足林業にあっては、通常、生活費のみの充足が発足の前提条件であったはずで、日本・諸外国の原住民等もそうでありました。市場経済用語で説明するならば家計引当金相当額ということでしょうか。

林学会が答申された「造林プラス採種業」とは、造林事業と伐木・造材・搬出事業及び以上の事業を実行するための生活費であると解しますが、林学会は、家計引当金相当額すら念頭に無かったと思料します。この生活費とか家計引当金相当額が市場経済理論では家計引当金に該当する言葉と思料致します。

更に、本書で紹介しております世界初の金網付の中層のコンククリート建物の次に世界市場に登場するのが鉄筋コンククリート建物ですが、世界で最初に、この開発を手掛けたのがドイツです。筆者の推測では自給自足林業が国是であったため国是の一環として鉄筋コンクリートの開発は自給自足林業による森林の持続のための森林資源の補完手段であったと思料します。蛇足ながら観光旅行で知り得た「自主的に小学校4年で将来の進路を決めさせ、自分自身の将来を発見させる」という国民性、また、平成20年時点での輸出貿易額が世界一という事実は、同じ勤勉国でありながらドイツと日本の考え方の相違が垣間見られます。

★文脈改訂のお断り

最初から言い訳の記述になりますが、本書の脱稿は昨年10月には終わり、林業関係の方に原稿段階で読んで貰ったところ「小倉の記述の論理は何とか出身母体の林野庁を蔭に置こう、置こうとしている。よく読まないと森林・林業白書の記述の内容が間違いであることが分からない。間接表現のため、よく読んでやっと間違いの原点は林野庁からの諮問に対する林学会の答申内容だと分かる。この本は国家100年の大計の本だから一般の方でも白書が間違いなら明確に白書が間違っている事由が分かるように歯に衣を着せた書き方でなく、明確に書くべきだ。また、白書の間違いの数字的な分析内容・結果も明確にすべきだ。でないと林野庁の職員ですら140年間もの歴史の上にたった現在路線を否定し難い恐れがあるから現在路線を底流とした森林・林業白書における「幻」の数値の内容を明確に表示すべきだ」との指摘があり、書き直しをしました。ちなみに答申とは昭和25年に林野庁から国民経済研究協会に「林業地代理論の研究」を委託され、林業関係の学識経験者との度重なる研究会の結果を「林業地代論」で答申されたことを指します。本書で記述の点は、「林業地代論」の273頁の第七章第一節学説批判を中心としたものです。林業地代論は昭和27年8月20日国民経済研究協会から発行されています。

本書は、林野庁の将来を考えての図書である以上、いいえ、読んで頂けばお分かり頂けますが、森林に関して**国民の関心度No・1の日本列島の温暖化防止対策の図書であり、**林政より高次元の**国政の問題が中心ですから21世紀における我が国の森林・林業の問題です。**21

世紀の正しい森林・林業政策を示すための森林・林業白書であることを踏まえて是は是、非は非と記述すべきであるとの複数のご意見を尊重して最初の原稿を何回も書き直しをして脱稿しました。具体的な事案を記述された、ある政党のプランの各事象は国民にも理解がし易い内容・表現方法なため、この事象と白書を並行させて解説し、必要に応じて林学会の基礎理論を記述する文脈に変更しましたことを予めお断りしておきます。

本年7月の洞爺湖サミットを目前に控え、読者層として本書が「日本列島の温暖化防止対策」の本である以上、主婦・一般学生も念頭に入れ、可能な限り平たく記述しました。主婦の方等にも本書の新理論「林業市場経済理論」を何となく分かって頂ける**小道具**があります。それは中国の国家体制のコペルニクス的転回です。

◎中国の国家体制と日本の林業体制との相違点

中国の国家体制とは、**今日の中国の繁栄の起爆剤となった理論**です。1992年に鄧小平が立ち上げた鄧小平理論が党規約に明記された「社会主義市場経済理論」です。

一口解説としては、**中国の今日の繁栄は「量」中心の経済から「質」中心の「市場経済」へ180度の転回をしたからです。**

日本の林業経済体制と中国の国家体制とを比較してみましょう。

中国の国家体制　社会主義市場経済（質重点）故に目を見張る繁栄

日本の林業体制　資本主義国家でありながらドイツの自給自足林業とか20年前の中国、現在の北朝鮮と同じ林業計画経済（量重点）です。しかし、我が国の自給自足林業は関東大震災で自給自足林業を継続するための森林という原資が極めて不十分となり、我が国の自給自足林業は崩壊しました。であるにもかかわらず林学会は自給自足林業の継続を林野庁に答申し、現在も自給自足林業を継続中です。そのため、**家計引当金を考慮外↓無植林・無保育↓林木の成長阻害↓二酸化炭素吸収量減量↓温度上昇**となり、産経新聞の平成19年5月16日付「**日本近海の水温、世界の3倍上昇**」**という記事と深く関わっているものと推察され、**林業は倒産・森林は破壊・国有林の規模は縮小の憂き目を見るに至りました。

以上の日本と中国との相違以外に、次表の通り完璧なドイツの自給自足林業と比較して中**途半端な日本の自給自足林業は林業倒産等の直接の原因となりました。**日本林学・林業のコピーの親元であるドイツは今でも完璧な自給自足林業で森林の持続方法は満点です。

では、何故師匠のドイツは森林の持続が満点で教え子の日本が森林の持続に失敗して林業倒産等に追い込まれたかを比較してみましょう。日本が林業倒産等になり、**ドイツは現在も自給自足林業の優等生である相違は次の表の通り2点あります。**

表：自給自足林業のドイツと日本林業との相違

森林の持続に必要な林木の原資・施業方法等	ドイツ	日本
自給自足林業維持のための下限の森林の原資	有	関東大震災及び戦中の軍命令による強制伐採により自給自足林業を維持する最下限の森林の原資は枯渇と推察
森林の持続のための例：伐ったら即、植林の義務付け、一本の伐採でも許可制の規制	３年以内の義務付、許可制有	**皆無**

解説：例として家計引当金が皆無のため一国の林業経営に問題が生じ、**そのため地球温暖化防止に支障を来す場合等国政として問題がある場合は、**資本主義国では森林の持続のために林業という**企業と家計の調整（ビジョンの本．３頁注５参照）を政府と中央銀行（日本は日銀）が行っていますが、**林学会の指導は自給自足林業が既に崩壊しているのに現在も続行させております。加えて、法で伐採をしたら、即、植林という規制もなく、その他強力な伐採制限は皆無の指導でした。**戦後半世紀に亘って「家計引当金は皆無、かつ、その手当の実現の手法も皆無」の状態が続いています。**白書は「もっと植えなさい」「小規模林家が植え控え」と**家計引当金の意義の存在すら不承知の模様**です。家計引当金皆無→植林・保育引当金を生活費に流用→**伐っても伐りっ放しの事象が半世紀も継続→世界ワースト・ワンの植林比率ゼロ％的に転落**→森林の持続のための原資としての林木は、極度に減少しました。しかしながら林業復活のための火種の原資は最低限残存しているものと筆者は思料しています。

速やかに林業市場経済路線へ転回することが**地球サミットのテーマ、公共財**である**「森林の持続」の命題を日本国として最低限守れることになり、この姿勢が洞爺湖サミットへと繋がる**ことになります。

以上で本書3・4頁の提言「現在の林業路線を何故、林業市場経済路線に早く切り替えができなかったのか」の大筋はお分かりになったはずです。即ち、現在路線の「量」重点から**林業市場経済路線の「質」重点に、つまり、材の効用、経済価値、市場価値に重点をおいた市場経済路線にレールを切り替えればよいのです。**また、日本林学・日本林業には市場経済が欠如していたため林業倒産・森林破壊に至った**元凶は、家計引当金**ですが、元凶の中には、その手当のための企業と家計の調整をしなかったことも包含されています。本書42・43頁での中国の国家体制と日本の林業体制を人魚に譬えた一口解説は次の通りです。

中国の国家体制　　頭が社会主義で胴体が資本主義

日本の林業体制　　頭が資本主義で胴体が共産主義（ないしは崩壊した自給自足林業体制）

ここで、未だ、中国の「市場経済」は中性であるというコメントを挟みます。

中国の転換点は1992年秋の第14回中国共産党大会で提起された「社会主義市場経済理論」です。しかし、未だ反省は続いているようです。学者が講義する際に「社会主義」を小さい声で言い、「市場経済」を大きな声で言うそうです。このことは「資本主義市場経済」と看板も中味も何故同じにしてくれなかったか、という政府に盾を突くわけにいかない、せめてもの学者の反論だと読みます。日本の林学・林業なら「資本主義」を声を張り上げ、北朝鮮と同じ路線の「林業計画経済」を蚊が鳴くような声で言わざるを得ません。

以上までで読者の皆様は、本書4頁の「森林・林業白書の間違い…基礎資料の選択誤り↓加えて家計引当金の存在すら亡失↓これでは温度を下げられない」をご覧になって、何故、政府の白書が誤りなのか、お分かりになったはずです。白書の間違い、不適切な案件は大筋で5点にも上りますが、指導した全部の学識経験者自体、140年間以上に亘る「林業計画経済理論」を学ばれた方々ばかりだから止むを得ないで済む**小さい問題ではありません。**

◎森林・林業白書の間違い、不適切な案件は大筋で5点

第1点は、明治から継続しています我が国の自給自足林業は戦前で既に崩壊しているのに自給自足林業路線を戦後も継続してきたことが基本的に大きな林業政策路線の誤りでした。

第2点は、家計引当金の存在意義すら知らなかったことです。家計引当金の皆無の事象が森林破壊・林業倒産の元凶であるということを承知していなかったため森林破壊・林業倒産等の防止対策が皆無でありました。いわゆる、マーケット理論抜きの、即ち、市場経済理論は考慮外の路線である林業計画経済路線が林学会の路線でありました。家計引当金の存在についての認識の程度は一つ、本書128頁の表「現行の林政下と林業市場経済下における「家計引当金の有無」の比較表」の内容、二つ、同131頁の「⑶家計引当金は未来永劫に

亘り皆無」、三つ、同132頁の「⑷伐期収入に占める家計引当金ゼロは森林破壊・林業倒産の元凶」及び四つ、本書11頁の表の下から6行目等の白書の造林投資利回りの比率算出の際、家計引当金を考慮外とした事実から判断ができます。更に、この造林投資利回りのみを採用した事実は家計引当金の必然性に気付いていなかったともいえます。

第3点は、経営分析として採用すべき必須の基礎資料である「林分収穫表」が極めて不適切な理想林分収穫表という資料であったため、分析結果は参考にもならない大きな間違いとなりました（本書8頁の表「現実林分収穫表と理想林分収穫表との比較表」）。

第4点は、平成13年度白書106頁で年次別に植林・下刈・間伐の実行比率を計上し、例えば、昭和35年時点の植林比率が50・4%、同45年が42・9%、同55年が18・6%、平成2年が8・2%、平成12年が6・4%と公表しておきながら、その超低実行比率の原因を白書の担当者だけの観念という定性分析で「小規模林家を中心に植え控えられている」「もっと植えなさい」と謳いながら**経営分析という定量分析が皆無**だったからです。ただ、経営分析と連動する「造林投資利回り」の分析はしていますが、前述の通り、基本的な家計引当金の存在を亡失のうえ、実態の倍程もある「幻」の伐期収入を前提としての分析ですから**全く役にたたない分析結果**の資料（基礎資料が理想林分収穫表）でした。

第5点は、自画自賛で恐縮ですが、筆者のような個人でもビジョンの本の参考資料程度の収集は可能でありました。筆者が収集した僅かな資料だけでも「家計引当金は皆無で森林破壊」等を裏付ける資料としての役目を果たしてくれました。林野庁の組織による調査ならもっと的確に判明したはずです。その結果、家計引当金が林業倒産等の元凶と判明できたはずです。この判明の事実を逆に辿れば白書が採用した資料及び分析の手法が不的確であったことも判明できたはずです。

筆者に言わしめれば、昭和35年に半分も未植林と判明した時点で国を挙げてその原因究明を**定量分析によるべき**でありました。多分、ドイツの自給自足林業を金科玉条という排他主義の林学会の土壌が底辺にあったのではないでしょうか。門戸を林学だけに止めず、この時点で部外者である経済学者の意見を聞くことに抵抗があったのではないでしょうか。鎖国的な林業政策を門戸開放して経済学者に聞けば直ちに解明したであろうに、と誠に残念です。明治の初頭にそうあるべきであり、遅くても戦後にそうあるべきでした。

現実的には、「経済学者の意見を聞かなかった事実」が林業倒産・森林破壊・国有林縮小に直結した、といっても過言ではありません。21世紀は森林学で対処すべきです。

◎ 白書が採用している資料が不適切であったため結果が間違いの事由の一口解答

既に本書8頁の表で解説しました通り「幻」の材積が間違いの元凶です。

その原点は自給自足林業路線の林学会からの林野庁への答申内容「超過利潤は造林プラス採種業」にあります。この答申内容を林分収穫表に当て嵌めますと「**林業技術のベストのみを尽くした収穫表」即ち、「投下資本の造林費と投下資本に対応して得られる純収益である伐期収入を考量外とした収支計算を前提としない量次元のみの収穫表**、いわゆる、**理想林分収穫表」を指します。**

◎ 国有林は理想林分収穫表を実体上既に理想と認識 一方、民有林は理想林分収穫表で指導

全国の林家の方達は理想林分収穫表の材積等に対応する功程（単位当作業の基準量。ノルマ）では収支が合わないと考えたのでしょう。平成12年度の白書の例でいいますと昭和31年に作成された樹種スギ、○○地方林分収穫表は、収穫表でのノルマに基づく投下資本と伐期時の予想収益を比較して林家は、一般的に、この収穫表のノルマの採用を否定してしまったのです。したがって、これら収穫表の頭には「理想」という文字はありませんが、誰言うともなく「理想林分収穫表」と渾名され、現在に至っています。

国有林の森林内容はいわゆる、理想林分収穫表では業務の実行はでき難いと考えられたのでしょうか、筆者が勤務していた当時、既に現実林分収穫表が作成されておりました。しかし、何故か、民有林における現実林分収穫表の作成指示はなかったようです。したがって、筆者としては、国有林は現実林分収穫表を採用し、白書には、何故、実践としては実行出来難いいわゆる、理想林分収穫表を日本の将来を決定すべき白書に採用されたのか、その論理が見えてきません。林学会としては採種業としてのあるべきベストの功程（作業の基準量。ノルマ）と考えての収穫表です。しかし、収支度外視の目標としてのノルマの表という点では間違いでありません。一歩下がっても、目標の林分収穫表等と明記すべきでありました。

収支計算として、林業の経営分析として現実に存在しない「幻」を含めた収穫表は**経営分析用の収穫表としては大きな誤り**です。その証左として今記述しましたように民有林も国有林も歴史が従前の収穫表（白書が採用の理想林分収穫表）を**経済的でないという事由で否定した歴史があればこそ現実に対応した表として「現実林分収穫表」が生まれたのです**。筆者は森林評価士試験の設問では白書の誤りと同様の事由から現実林分収穫表を使わなければ間違いであるのに、現実林分収穫表を採用した受験生は、民有林では山形県の1人のみでした。ちなみに、計画経済の定義は、単一の国家ないしは計画当局によって、財貨の生産・分配・消費が計画化され管理されている国民経済を指します。背伸をしなければ実現できないノルマの理想林分収穫表は**林業計画経済路線下での収穫表であるといえます**。

白書の誤りは、資本主義国家として相応しくないノルマを前提とする収穫表の採用を指導した林学会の不適切な林業路線を答申内容としたからだと筆者は思料しています。

以上の集約として本書は、「ある政党」「森林・林業白書」「林学会」及び本書の四者の基本的な考え方の根拠を比較した表を次に掲げます。

表：ある政党・白書・林学会・本書の基本的な考え方の比較表

<table>
<tr><td></td><td colspan="2">比較の解説</td></tr>
<tr><td>「ある政党」のプラン作成の根拠</td><td colspan="2">森林・林業白書の内容</td></tr>
<tr><td>森林・林業白書の底流の基本的な考え方</td><td colspan="2">昭和25年に林野庁から林学会に諮問した「戦後の林野行政の指針」に対する昭和27年の答申の内容「存在しているのは経済学でなく経営学でしかない」を基本路線としています。つまり、白書は林業政策にはマーケット理論は不必要だとの基礎路線にたっているため、連動して、ある政党のプラン作成のための基礎資料も非現実的なプランとなっています。</td></tr>
<tr><td>林学会の「森林の持続」を実現するための基本的な林業政策の考え方（上述の答申内容［16頁参照］）及び明治から現在までの林業政策の基本的な思考</td><td colspan="2">明治の初頭より日本の林業政策はドイツの「自給自足林業」を大前提とする「恒続林思想（平たくは、材積のみによる森林の持続の思想）」によっていました。この思想は「市場経済理論抜き」ですからベストといえませんが、「森林の持続」のための手法としては、次善の策として容認できると筆者は思料しています。
しかし、我が国の林業は自給自足林業の原資である森林を関東大震災と戦中の強制伐採で自給自足林業は完全に崩壊しました。その上、伐ったら、ドイツのように3年以内に植林を義務づける等という自給自足林業を維持するための厳しい法規制も皆無でした。したがって、戦後直ぐ「市場経済理論」を導入すべきであったと筆者は思料していますが、林野庁からの今後の路線の諮問に対してビジョンの本の16頁の通り、林学会として「市場価格の原点を造林プラス採種業の観点で捉え、林業経済学なるものは存在していない」とし、戦前と同じく今後の路線も「自給自足林業」であるべきであると答申し、現在に至っています。</td></tr>
<tr><td>森林・林業の将来プラ</td><td>伐期材積</td><td>本書　100に対し森林・林業白書は下限として140程度</td></tr>
</table>

ンに必須の伐期材積・伐期収入の試算についての本書と森林・林業白書との定量分析による結果の相違 但し、適切妥当な指数を100とします。即ち、100以上の指数は実態上存在しない架空、幻、バブルの指数です。		但し、白書の140の**内最低40は架空の「幻」の指数**
	伐期収入	本書　100 森林・林業白書　**最低160～200以上と推定**（筆者は、平均でも**200以上になると推察**しています。）。伐期収入の指数については100以上の指数は、**現実の指数100プラス「幻」の指数**ですから、この「幻」分の指数は「偽」の植林・保育引当金の外、家計引当金も紛れ込んで存在しており、植林・保育の完全実行が可能と判断間違いをしたのではと推察します。しかし、現実は、「家計引当金が未来永劫皆無」であるため、生活費の捻出の手段として**「植林・保育引当金」を生活費に流用し、その結果としてゼロ％的の植林比率を筆頭に超低比率の各保育部門の実行比率**となり、**過剰本数・水害多発（人災）・国産材の供給比率は２割程度となり、林業倒産・森林は大きく破壊され、不良資産型森林の様相（ビジョンの本．144頁表４参照）を呈するに至った**と筆者は分析しています。
林分（森林の状態がほぼ一様の樹木の集団）収穫表（時系列的に標準的な本数・成長量・胸高直径・樹高・材積等の調	☆本書は「林業市場経済理論」を踏まえた「現実林分収穫表（健全型森林を反映した収穫表）」を採用していますが、**現実林分という「現実」とは実体的に、その森林の内容は40～50年前の健全型森林の状態を指すことに留意して下さい。** なお、伐期収入時の山元立木価格の試算は、当該林分収穫表の樹種別伐期材積・品等別山元立木の単価等を活用して伐期材積を基礎として伐期収入を試算することになります（大改訂の本．86・90頁の表参照）。 したがって、**平成20年辺りの現状の伐期収入と白書のそれとの相違**は、現在はモヤシ木・曲り木等と連動して40年以	

査結果の表）の2種類の仮称A・B両表と林業計画経済（中央集権的経済）及び林業市場経済（通常資本主義国が採用）との関係	上も前とは材積は更に、3割程度は減少していましょう。対応する山元立木価格の低下は一体、どれ程になりましょうか。余りにも大雑把な推察は控えさせて頂きます。 注：一般の方には、更に、相当な解説が必要です。軽く飛ばしてお読み下さい。 ☆白書は、植林・保育に関して林業技術のベストの手法に対応する投下資本も併せて十分に投下した時にのみ具現される非現実的ないわゆる「理想林分収穫表」を基礎資料として採用し、同上の伐期材積・同収入を試算しています。 例：平成12年度林業白書68頁注(3)の立木価格は、理想林分収穫表に基づいた価格であり、注(4)の主伐収入の試算に採用された収穫表：天城地方収穫表も理想林分収穫表です。
我が国の林学・林業のとるべき今後の林業政策についての私見	上述の通り、現在の森林・林業白書の底流の理論は「量」中心の「林業計画経済路線」であり、その基礎理論に基づく実践理論は上記の通り伐期材積で4割のバブル、同収入では実額の収益とほぼ同程度のバブルを含んでおり、更に、白書でのコメント「小規模林家が植え控えしているのが無植林の事由」としていること自体「家計引当金」の意義・存在すらご存じなかった、ことだと推察します。しかし、**伐期収入内における家計引当金の残存の程度は、森林法上の伐期齢のほぼ2倍の期間の筆者提言の経済的伐期齢時の伐期収入でも「家計引当金は未来永劫残存していない**（大改訂の本、第2部林業市場での立木評価方式参照）」ため植林・保育の引当金を生活費に流用し、その結果、無植林・無保育が発生し、上記の通り不良資産型森林に転落しました。**ビジョンの本で21世紀中に「健全型森林（同じく144頁表4参照）」に復帰するためには現在の林業路線を筆者造語の「林業市場経済」路線の道にコペルニクス的転回するしか手段がありません。**端的な結論をいえば、伐期収入を実額の平均1.8倍（筆者の推測は2倍以上）と査定し、昭和39年度から現在まで44年間に亘って将来の林業行政の指針としてきたのです。国家予算の歳入の根拠に実

	額の税収より８割増で予算をたてるのと同じことです。それも40年間以上に亘ってです。その結末を林業と無縁の読者がお知りになっても林業倒産、森林破壊、国有林縮小になるでしょうね、と応えられることでしょう。

☆我が国の林政（林業政策）の明治からの歩みとビジョンの本の要旨

1．明治初頭からのドイツ林業の自給自足林業の考え方であり、この考え方は、関東大震災までなら次善の考え方として容認できます。明治の初頭でのベストの林業路線としては、植林の義務付けを含めた自給自足林業プラス市場経済理論の内、我が国の実情にプラスと考えられる点を適宜採用しておれば日本国として相応しい林業路線だったでしょう。当時、**比較森林学という学問が確立されておれば日本林学の我が国における地位は大きく変わっていたでしょう**（＊）。

2．ところが、関東大震災を境に自給自足林業は崩壊しました。

3．したがって、戦後は明治初頭に次ぐ２回目の市場経済理論採用のチャンスであったものの見逃しました。

4．その結果、森林破壊、林業倒産、国有林の規模縮小等の憂き目をみました。

5．不幸中の幸ですが、**現時点なら上述の通り、現在の不良資産型森林から健全型森林（144頁表４参照）に復活し、林業の復活、国有林の活性化への「森林としての原資」は未だ残されていると思料します。家計引当金の手当をせずに後10年とか20年このまま推移すれば間違いなく日本の森林・林業の復活の芽は完全に閉ざされることでしょう**。ある政党のプランが実行されたとしても家計引当金の手当がない限り伐ったままで、純収入は生活費として化け、無植林→自生の雑木林となってしまいます。

6．**結論は躊躇せずに可及的速やかに林業市場経済路線へ180度**

の転回をすべきです。

7．**180度転回への最初の、最大のネックが未来永劫皆無の家計引当金の手当です。**その手当の実践理論は辻経済学博士の提言である公益的機能の経済的評価額74.99兆円（平成12年度白書53頁、本書125頁）を上限の担保とした**「政府と日銀による企業と家計の調整」により家計引当金の手当を図る、と提言しています。**

（*）明治政府が本書152頁の写真の中層のコンクリート造の建物を比較森林学の成果として国家として導入しておればコンクリート建物が導入された大正時代より半世紀も早く中層のコンクリート建物が銀座等に建ち並んでいたかも知れません。

筆者撮影の金網によるコンクリート建物に続いて鉄筋コンクリートを世界で最初に開発したのはドイツですが、その事由こそ自給自足林業の補完のための自国の森林資源の温存のためであったろうと筆者は読みます。また、日本も明治の初頭から比較森林学の恩恵で前述のように5階程度のマンションとかビルが建ち並び半世紀も早く**日本の近代化に比較森林学が大きく貢献できたでしょう。**140年も遅れてしまいましたが、早急に**林学を森林学とし、更に、比較森林学の新設も必要です。**もし、明治初頭から比較森林学が存在していたならば、森林学・林業は国家としても根幹の学問・産業として不動の位置を固め、林業倒産等は夢のまた夢だったでしょう。本書は本邦で初めての林業に係る「市場経済理論」の本のダイジェスト版であり、尚かつ、一般の方には馴染み難い林業技術の用語も顔を出さざるを得ないため、序論の段階で「中間的結論」を記述した方が最後まで続けて読み易いのではと考え、次に「中間的結論」を記述します。

中間的結論

◎ ビジョンの本のキャッチフレーズは「日本中、ヒノキ造の戸建住宅の建築が可能」

前述の内容とは一見、方向違いにみえますが、林業市場経済の底流である木材の効用を理解する小道具としてスギとかヒノキの効用の話から入ります。

まず、我が国が21世紀中に「質重点」の「林業市場経済理論」を踏まえた主要樹種はどのような樹種がよいかという樹種選択の結論から述べましょう。「質重点」を更に詳しく解説しますと、**材の効用・市場価値・交換価値・経済価値が最も高い樹種であり、世界一質の高い樹種はヒノキですから「ビジョンの本」のキャッチフレーズを日本中、ヒノキ造の戸建住宅の建築が可能としました。**このキャッチフレーズの実現の目途は、現時点から50年程度で可能です。一口解説をしますと、現在我が国が実行しています林業路線はスギを中心とする短い期間で早く太くなる木を育てるという「量」重点の林業政策ですが、**ヒノキは、アバウトで成育期間はスギの5割増、耐用年数はスギの3倍以上、市場価格は2~3倍程度、この外、芳香性・木肌の色・なめらかさ等の「質」の総合点数は筆者の感覚では最低3倍以上の**

効用があるのでは、と思料しますが、世界的評価は「世界一の効用のある樹種」です。スギとヒノキについて「質と量」の二者の総合的定量分析により20年・50年・１００年後の価格予測をすれば筆者が言う「ヒノキはスギの３割増か何割増か、また、何時頃実現されるかという予測が明確になりましょう。

筆者が造語しました「林業市場経済路線」への早期転換を謳う事由は、現在の路線は「量」重点であるため、成長が早いスギ等の「量」のみを重視の国産材は、**「量」及び「質」の両面に富んだ外材**に国産材の供給量の座を奪われたと筆者は読みます。**その結果、今や国産材供給比率は僅か20％程度へと転落してしまいました。**

このような国産材の超低供給比率という事実と連動する現在の森林内容は、下草が消滅→水害多発（水害は人災という証）→二酸化炭素の吸収源である国産材の材積が減少→日本列島の温度は定性的に上昇（温度が上がるのは人災という証）し、本書12頁の６つの公益的機能の発揮も極めて低くなっているはずです（低くなるのは６つの公益的機能の低下もすべてが十全な植林・保育の実行を怠ったという人災の証です。）。

したがって、この公益的機能をより多く発揮する方法は国産材の供給比率を上げるより方法はありません。**国産材の供給比率を高めるためには「十全な植林・保育の実行」がキーワ**

ードです。植林比率が長期間に亘ってゼロ％的という現状では持続的であるべき国産材の供給期間に穴があきます。長期の林業政策として心しなければなりません。

「十全な植林・保育の実行」のためにはその実行に必要な植林・保育費の外「家計引当金の手当」が必須であり、また、対応した労務も必須です。労務対策は本書110・111頁表1で小倉案を提言しております。以上のような林業政策が何故必要になったかは次の林業倒産・森林破壊へ転落したチャートが応えてくれます。本書6頁の1が林業倒産等へのチャートで同7頁の2が林業復活等へのチャート、同5頁の「☆家計引当金の必要性の欠如の事由」、「☆家計引当金の亡失の事由」、「☆家計引当金の必要性の欠如の結果」を総合判断して筆者提言の林業市場経済路線へ転回せざるを得ないとし、現行の林業計画経済理論と筆者造語の林業市場経済理論の比較を同8頁の表で纏めました。

家計引当金の手当の考え方は林学次元ではアプローチが不可能ですが、筆者提言の経済学を踏まえた「森林学」ですと、まず、経済主体の解説からしなければなりません。

森林・林業に係る経済社会には造林・収穫という私企業としての生業という性格を有する林業と6つの公益的機能を発揮する公共財としての森林を整備する公益性を有する公益的私企業の性格を有する林業という公私二面を有する林業という経済主体がまずあります。したがって、林業に係る経済社会には、公私両面を有する林業という**企業・家計（消費生活の主体）・政府という3つの経済主体があります。**

本書で林業倒産・森林破壊の元凶は家計引当金と断言しましたが、林業復活・健全型森林への復帰の原点も同じく「家計引当金」であることは、本書6・7頁の1と2の通りです。

問題は直接的解釈では、林業は私企業であり、森林は公共財です。しかし、**私企業である林業という経済主体がなかりせば森林という公共財の維持・造成・整備は不可能です。**

更に、本書での目的の健全型森林への復帰は**地球サミットのテーマが「森林の持続」**ですから、**そのテーマからも森林が公共財であることが明確**です。結局、林業は、原則、私企業であるものの公私両面の性格を有しています。

一国の経済活動に問題等が生じた場合には、諸外国では政府と中央銀行（日本の場合は日銀）が経済活動を調整する経済政策の主体となります。

ですから冒頭で「政府と日銀による企業と家計の調整」を提言した次第です。

結局、21世紀の森林・林業の国家的次元の林業政策は林学を基礎学問とする「林業計画経済」でなく森林学による「林業市場経済」でなければなりません。

林業市場経済路線への転回を躊躇すべきではありません。

この躊躇すべきでないという文言は経営理論の父といわれたドラッカー氏の日本国民への遺言である「ドラッカーの遺言」の中の文面（ビジョンの本の「まえがき」の次の「天国のドラッカー氏からの推薦文）です。

現在の路線である**「林業計画経済路線」では明日の明るい日本の林業・森林の存在すらありません。**また、今後も林業計画経済路線を採用することは、１９９２年の地球サミットのテーマ「森林の持続」について**日本国としての違反**となります。洞爺湖サミットの議長国が世界からの「森林の持続」という命題を違反すべきでないことは当然のことです。

本年、２００８年こそ日本は「森林の持続」の実現のために国是として林業市場経済路線で進むべき初年度と位置付けるべきです。**１年でも早く植林比率ゼロ％的を解消し、**少なくとも長い間ワーストワンといわれていました熱帯林の10％強を抜かなければ洞爺湖サミットの**議長国とはいえません。**

以上の６行程は少なくとも**洞爺湖サミットの議長国の福田総理にもお読み頂き、必ず、国是として林業市場経済路線へ転回願わなければなりません。**

以上の記述は今後は国政として「質」中心の林業市場経済路線に早期に、それも、**躊躇せずに今、転回すべき**という国民・国家へのメッセージと認識すべきです。

本書64頁のドイツの歴史のように十全な植林・保育を行えば「水害は皆無」となりますから「**水害は災害**」でなく「**水害は人災**」と理解できるのです。

同様に日本列島の温暖化防止対策も「十全な植林・保育の実行」という**事前対策を原則**とすべきです。「**森林による温度上昇**」は「**不十分な植林・保育**」によって生じます。つまり、「**森林による日本列島の温度上昇も人災**」です。

結局、「水害対策」も「森林による日本列島の温度低下対策」も対策のキーワードは共に「十全な植林・保育実行」であることを二重丸で覚えて下さい。

◎ **トップグループの国会議員及びNHKフォーラム等は「水害は災害」と誤認**

一つ目は平成17年の首相施政方針演説の内容であり、首相は「災害対策は事後対策」と明言されました。即ち、「**水害対策も事後対策**」と明言されたことになります。実態的に「**水害対策も事後対策**」で対処するとの演説に対し各党からの代表質問は皆無でありました。水害対策は植林・保育という事前対策ですから**代表質問が皆無ということは、**論理としては全**国会議員が水害は災害と誤認していることになります。**

したがって、結論は、総理も全国会議員も「水害は災害故に事後対策で対処すべきである」との結論になり、このことはズバリ「水害は災害」との誤認になります。

二つ目は、ＮＨＫの「水災害」に関する昨年11月末の日曜フォーラムでの討議内容です。論理は一つ目と全く同じく「水害は災害」という誤認ですが、ただ一人、パネラーの**今井通子女史のみが「自然（森林）」**と理解されておりましたから全パネラーの中で女史のみが「水害は人災」と認識されていたということになります。

注…本年6月8日のＮＨＫの水災害に関する日曜フォーラムでは要因のうち最も重要な森林に関する発言は皆無でした。

これらの誤認が前提ではドイツのように**「水害皆無」とすることは永久に不可能です**。ドイツは十全な事前対策である植林・保育等（詳細は、「水害は人災だ」の本の42～47頁）により**完璧ともいえる造林事業の結果、水害を皆無**とした模範国家です。しかし、国会議員・ＮＨＫフォーラム等は不勉強だと一方的に非難はできません。誤認した事由は、単に自然任せのみでは日本の地勢、雨量等から水害は我が国としては宿命ともいえる事実で、水害発生は常識との観点から発生した誤認と思うからです。

誤認された遠因は現在の林業計画経済路線にあります。

以上の**国会議員・ＮＨＫの誤認の事由は現在の林業政策の不適切さによるものです**。即ち、森林・林業白書の底流である林業計画経済路線には、家計引当金という概念無し→政府としての家計引当金の手当無し→生活という人権から植林・保育引当金を**生活費に流用**→植林・保育引当金涸渇→無植林・無保育的→無下草→水害多発という流れです。

したがって、**水害多発が常識故の「水害は災害」という誤認です**。この中間的結論が終わり次第、【◎　総理・NHKまでもが「水害は災害」という誤認。林業政策が計画経済のため森林が破壊し、下草が消滅し、水害多発が常識であったため】で、誤認の事由等について項を改めて詳述致します。

ドイツは18～19世紀にかけて天然林を徹底的に伐採した結果、現在の日本のように、水害、更に雪崩が常識となり、その常識をバネとして雪崩も水害も皆無の国に変身（「水害は人災だ」の本．42～47頁）したのです。ここでもドイツに学ばねばなりません。

◎　十全な造林事業（植林・保育）で水害を皆無としたドイツの歴史

ドイツは伐採後3年以内の植林を義務づける等数々の森林の持続のための法規制・非皆伐の手法（禁伐の手法で観光スポットとして有名な「黒い森」といわれる択伐《たくばつ》『非皆伐で森林を造成する手法』）ないしは一本の伐採でも許可制という厳しさで現在でも恒続林思想（量次元のみで森林の持続を図る思想）は引き継がれ、完璧な自給自足林業の模範国です。

1876年に山岳森林保護の法律が制定され、続いて1902年、1993年と**次々に法**

律を制定した結果、森林の持続が達成され、世界が注視する南部のアルプスと北部のジュラ山脈の美林が誕生しました。筆者は、フランスで世界初の中層のコンクリート造マンションを見学したと記述しましたが、ドイツはフランスでの１８６７年の金網付のコンクリートの発明を鉄筋コンクリートの開発に繋げた中心国でありました。自信を持った筆者の推測では自国の木材を温存するための自給自足林業の補完としての一環だったと思料します。この機会に日本も自国の森林を温存するための研究をもっと進めて頂きたいと思います。ちなみに、日本への最初の鉄筋コンクリート造の移入は１９０４年、それも機械室用に導入されただけです。

現在の不良資産型森林（健全型森林も含めて１４４頁表４）から健全型森林への復帰の道は現在の「林業計画経済路線」から「**林業市場経済路線**」へのコペルニクス的転回の道しかありません。**転回しなければ日本列島の温度を下げることができず**、渇水・大水害も多発します。当然、本書12頁の「森ありてキレイナ空あり」等全ての18項目に支障をきたします。このように経済が大きく悪化した秋《とき》こそ**政治が動かなくては**なりません。

植林比率がゼロ%的ということは白書を見れば分かりますが、植林比率がゼロ%的であるのに**政治が全く動かない**ということは、**このことをご存じの国会議員はゼロかもしれませ**

ん。しかし、前述の通り国会議員も林業には弱いようでいつまで経ってもどの政党も抜本的対策を打ち上げることもなく40年程も経過してしまいました。

しかし、遅ればせながらも昨年、ある政党が初めて林業経済の再生について「森林・林業再生プラン」を打ち上げられた意義は極めて大きいのです。

なお、その意義よりも大きいのが、このプランの発表により、戦後も進めてきました「伐採量」中心の林野行政で日本列島の温暖化防止が可能か、どうか、再検討すべき導火線に火をつけて頂いた意義の方が遙かに大きいでしょう。

そして、再検討の結果が林野行政独りの問題ではなく、国会で審議しなければならない程の国政の問題であると再発見でき、再検討する機会を国会議員、国民に与えて頂いた意義は誠に大きいと思料します。プランを出された「ある政党」に感謝の気持ちです。

「水害は人災」の根幹も「日本列島の温度を下げる」キーワードも「十全な植林・保育」の実行でしたね。ところが、日本を動かすトップのほとんどの政治家を筆頭に放送界のトップのNHKも共に「水害は災害」という誤認です。

水害発生のチャートは本書7頁の3のチャートの通りですから災害でなく人災です。

日本国を引っ張って頂かなければならないトップの座の国会議員、NHKの二者の内、最も御願いしなければならない国会議員が「水害とは災害」という誤認である以上、小学校時代に習ったリンカーンの「人民の…」という有名なフレーズを思い出して**国民のための国民による温暖化防止対策・水害防止対策**と位置づけたいと思います。

実際に温暖化防止・水害防止を政治の場で実行して頂く国会議員を国民が選ぶ大きな意義が浮上します。

ここで、骨休めに敢えて脱線しますが、**林学用語の「エリートな政治家」**に日本列島の温暖化防止対策も水害防止対策もお願いしたいと思います。**「水害は災害」と誤認している政治家は要りません。**

小倉流のエリートの先生は政治家、弁護士、教授等すべての先生の中でエリートの方は「先生」そうでない方は「センセイ」と片仮名で発言したり、書くことにしています。

エリートとは元来、育種用語です。その後、林業用語としてスウェーデンから昭和30年代前半に日本に移入された時に林野庁の記者会見の際の発表内容をマスコミが転用して小学生でも知っている「エリート」の意味になったのでしょう。エリートの語源を正確に伝える責務が林業技術者にあると考え「水害は人災だ」の本で詳述しました（108~113頁）。

「エリート」は3000年の年月をかけてワインのコク等をより向上さすためブドウの品種改良等のための育種用語として生まれました。筆者はこの3000年の歴史から生まれたエ

林学用語でのエリート

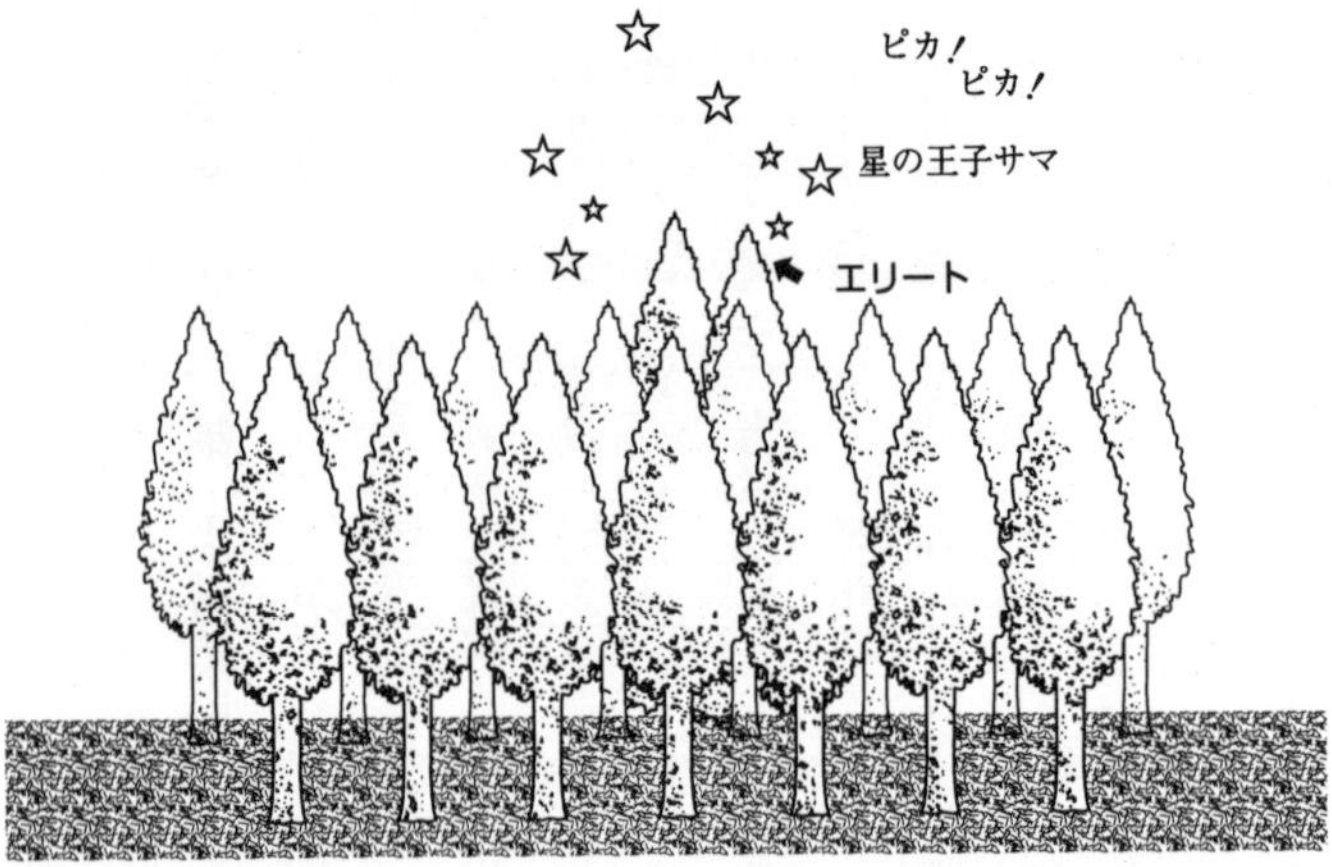

リートを「優れた」と「そうでない」を人間に譬えて「漢字の先生」と「片仮名のセンセイ」に分け、他人に分からないよう自分自身の心の中で「先生」と「センセイ」に分けています。分けた発想は世の中で「先生」と呼ばれていても余りにも「センセイ」が多いため筆者自身の利便性から造語しました。したがって、「水害は人災」と理解される方は「先生」、「水害は災害」と誤認の方は先生でなく片仮名の「センセイ」だ、と記述しています。さしずめ、地球温暖化防止対策に理解のない先生は小倉流では、片仮名の「センセイ」です。当選できるのは「先生」のみとすべきでしょう。

森林による日本列島の温暖化防止対策は超党派で真摯に取り組んで頂かなければなりません。リンカーンの名言を捩って**国民のための国民による温暖化防止対策を国民の手で子孫のため、国家のため、樹立しなければなりません。**

◎ 家計引当金の必然性に気付いていない森林・林業白書

◎ 森林の維持・造成・整備の原点は3つの引当金（植林・保育・家計）

家計引当金を充足すれば、水害は皆無となりますから家計引当金が充足可能な林業市場経済路線へ可及的速やかに転回しなければなりません。

家計引当金の必然性に気付いていないということは本書52頁の表の通り、白書の間違いは、白書の底流の路線を指導した林学会の**林業政策の基本路線が間違っていた**からです。かくいう筆者自身、昭和42年頃国有林野事業の憲法ともいうべき「国有林野経営規定」の20年振りの改正のため、担当課長補佐として林野庁へ転勤しました。この経営規定こそ林業計画経済に基づくもので国有林の路線は、そのまま民有林の路線となるシステムとなっていました。つまり、筆者は全国の林業計画経済路線の旗振り役でした。36年前不動産鑑定士の受験のため初めて「不動産鑑定評価基準」に接した時、国有林野経営規定の路線は間違っていると直感し、**課長補佐当時の反省から生まれたのが今回の新理論です。**

白書の間違いの原点は家計引当金の存在すら気付いていなかったことに起因しています。

この「家計引当金」の存在に気付かなくても林家の林業経営状況を市町村の森林組合を通して行っておれば、ビジョンの本の巻末の参考資料の通り、一例として和歌山県龍神村森林組合のコメント（173頁）「**再造林費、保育費の引当金を差し引くと森林所有者の生活費引当金（注：家計引当金を指す）は皆無となる**」等のように林家の「植えたくても植えられない**悲壮な生の声が伝わった**はずです。その気持ちを知らずして「もっと植えなさい」という**林業を指導すべき白書の声は言語道断**と筆者は怒りすら覚えます。

ところが、白書は第1に法で規定されています伐期齢は死に体の伐期齢（伐っても搬出費等の捻出もできない伐期齢）ですから法を守れば誰も伐る者はいません。罰則規定がないため法規定の2倍もの長期な林齢で伐採しています。大改訂の本・86頁の表及びビジョンの本・参考資料の林家の実際の伐採林齢は標準伐期齢の2倍近い伐採齢です。第2に採用した収穫表は死に体の収穫表です。第3に材積に4割もの「幻」分が包含されています。第4に純収益には平均でも8割もの「幻」分が包含されています。更に、言わせて貰えば現役時代に追究したことはありませんが、国有林野事業は独立採算性でしたが、林業経営上、家計引当金の位置付けは、どのように記述されていたのでしょうか。家計引当金相当額が無くなったため、現在のように規模縮小になったのではないでしょうか。

可及的速やかに**国有林野経営規定に「林業市場経済理論」を導入し、活性化を図るべきです。**民有林、公有林についても導入の理念は同然です。

以上の不適切、間違いは連動するものの、**これで経営分析をすれば、分析とはいえません。経営分析としての意義は全くありません。**この収穫表の選択誤りは日本中の全林学者は勿論、林業に関係する人も全員であり、後述の県の林業所管のトップであった同級生の2人も林分収穫表はいわゆる、「理想」の1種類だけだと思っていたとのことでした。

以上の問題は、国民が安心して生きていくためには極めて重要な「水害皆無」とか「日本列島の可能な限りの温度の低下」等の原点の問題、即ち、**家計引当金の手当→十全な植林・保育の実行→→→林業復活・健全型森林への復活・公有林及び国有林の活性化の問題です。国政上の重要案件ですから是非国会でご審議頂きたいのです。毎年国会に報告書を提出しなければならないとされている白書の基本路線が間違いだと筆者は指摘しており、**更に、基本路線の間違いは、**最終的に最重要の伐期材積は4割の実態のない材積、伐期収入は平均8割の実態が伴わない伐期収入で将来の予測をたてています。**それも白書の初回の報告である昭**和39年度分以降現在まで40年間以上に亘って不適切な林業路線に基づき材積は4割、伐期収入は8割もの「幻分」を上乗せした間違いの資料でプランを樹立しています。**結果として、ある政党のプランも右へ倣えとなってしまいました。

その不適切、間違いは、地球サミットのテーマとしての命題である**公共財**としての**「森林の持続」違反ですから当然国会で徹底的に審議されるべきです。**

審議された暁には当然、「林業市場経済路線への転回」ということになります。また、その場合の**日本林業再生のキーワードは当然「森林の持続」である**ということになります。

ある政党の「森と里の再生プラン」の下記の目標は、誤りと認められますが、その誤りの事由は前述の通り林学会の指導に起因しています。

当該プランの3の(1)の**「過去最大の木材生産量の復活」という項目で「日本は40年前の生産量の30％まで下がってしまった。**ドイツは日本の約3倍の5000万㎥を安定的に生産しており、日本でも同様なことが可能なのだ。と記述されています。

日本の材積には、前述の通り最低4割もの「幻」の材積が包含されており、更に、この材積は、**40～50年前の健全型森林時代の材積ですから不良資産型森林の現在との材積の差も比較考量しなければなりません。**現在の森林は破壊されているため材積の少ないモヤシ木・曲り木等が多く、この50年間程に発生した**大きな材積減も加味**しなければなりません。甘くみてもその材積減は2～3割でしょうか。いいえ、**3割以下ということはないでしょう。**この説明だけでも、ある政党への回答となりましょう。

更に、ドイツ林業の持続の方法の厳しさ、良さ（本書64頁）も加味しますと誰でも非現実的なプランだと分かります。続いて「年間の成長量も8000万～1億㎥であり、云々という文言も前記と全く同じ事由です。

◎ 21世紀のあるべき森林・林業のキーワードは家計引当金

家計引当金が林業復活等のキーワードであることは本書6・7頁の1、2、3で記述済みです。基本的考え方を実践の場に移す場合最もネックになるのが伐期収入に本来組み込まれているべき「家計引当金」ですが、その必要性、その亡失の事由、その必要性の欠如の結果、民有林は林業倒産・国有林は経営悪化です。

前述しました通り、**標準伐期齢の期間をほぼ2倍に延長した**筆者造語の**経済的伐期齢**（本書162頁外、森林評価の大改訂の本第2部）に改訂しても未来永劫「家計引当金」**は伐期収入に全く残存しない林業経済情勢に陥っていることに留意して下さい。**筆者提言の経済的伐期齢ないしは準じた伐期齢に改正すべき必然性があります。ビジョンの本の参考資料として資料の提供をして頂いた**多くの森林組合が実行しました伐採林齢（実際に伐採する林齢）は筆者提言の経済的伐期齢が適切か否かの検証用の資料ともなりました。**

残念ながら森林・林業白書では、この「家計引当金」についての経営分析は林業政策が林業計画経済路線であるため全く考慮外というより気付いていていません。家計引当金の残存の必然性に気付いていないということは、現在の林業計画経済路線の原点が明治の初頭、家計引当金相当額が当然包含されている自給自足林業にあったからだと思料します。

◎家計引当金の必要性は経済学を知らなくても歴史が語る

筆者は、「家計引当金ないしは相当額」の存在の必要性、必然性を歴史が教えてくれていると思います。ドイツの自給自足林業のコピーである日本林業は、明治初頭から大正12年の関東大震災まで「家計引当金相当額（家計引当金ではありません。）」の存在を大前提として成立する自給自足林業が続いていたと理解できます。「家計引当金相当額」が存在しておればこそ「恒続林思想」で「量」重点ながら「森林の持続」が達成されていたと読みます。

次いで、昭和27年に林学会は林野庁からの諮問に対する答申として**「価値、市場価値、生産価格、過剰利潤の原点を造林プラス採種業の観点（筆者注：自給自足林業の定義と読みます。）で捉え、林業経済学なるものは存在していない」**（16頁）と報告されました。つまり、昭和27年以降も我が国林政は、伐期収入に家計引当金相当額が自給自足林業故に自動的に包含されているものと錯覚して林野行政を進めていたことになります。

ところが、年次的には詳細には分かりかねますが、40年とか50年程前から現在に至る間に不良資産型森林に転落したため、**この家計引当金相当額は伐期収入内には全く残存しなくなってしまいました**。

以上の明治から現在までの日本の林業政策（林政）の歴史を分析しますと林業の隆盛・森林の持続及び以上の隆盛等とは全く逆の林業の衰退・森林の破壊への**出発点も共に「家計引当金ないしは家計引当金相当額という共通項であったことを指摘することができます**。

両者の相違は、面白いことに端的にいって、**「家計引当金が充足」している時は林業は隆盛し、森林は整備されて健全型森林になり、林業隆盛、国有林健全へと発展しています**。

この2行より**21世紀のキーワードは「家計引当金」であると指摘することができます**。

一方、家計引当金が「皆無」の場合は林業は倒産・森林は不良資産型に転落しています。

したがって、自信を深めて本書の書き出し部分の本書6・7頁の1と2に「家計引当金」をキーワードとする林業倒産等と林業復活までのチャートを記載した次第です。

本書で探し求めているのは健全型森林への復活・林業の復活・国有林ないしは公有林の活性化です。それも可及的速やかに林業市場経済体制に転回して政府・日銀の調整によって林業の復活・森林整備の原点である「家計引当金」を早急に充足しなければなりません。

早速「企業と家計の調整」を国会審議等で日銀との協議をお願いしなければなりません。

森林に期待する働きでは、これまでトップを維持してきました「山崩れや洪水などの災害を防止する働き」に替わって「二酸化炭素を吸収することによる地球温暖化防止に関する働き」がトップになったと平成19年5月に内閣府は「森林と生活に関する世論調査結果」を公表しましたが、本書の結論は「水害対策」も「日本列島温暖化防止対策」も、その基礎的な論理は共に事前対策（平成17年の首相の施政方針演説は事後対策）である「植林・保育を十全にすること」であり、それにより「森林の持続」が満点に近づいて結果として「日本列島の温暖化防止」及び「水害皆無」「渇水皆無」等6つの公益的機能も満点程度に全うされることになります。

資本主義国でありながら北朝鮮（主体林業といって単位面積当たりの植栽本数が多いのがベストという原始的思考）と同じ「量中心の林業計画経済路線」を森林学（現在の林学）により林学・林業を「市場経済へ転換」しなければ「日本列島温暖化防止」も「水害防止」も机上の空論となってしまいます。以上が現在の我が国が進むべき国家・国民のための森林学及び森林・林業の正論と断言ができます。

林業市場経済路線への180度のコペルニクス的転回は、水害も森林による地球温度上昇

も人災と認識されている国会議員候補の方のみを国会へ送れるのは国民の力なくして実現できません。以上が本書の結論ですが、最後に本書87頁の結論を再掲致します。

全国会議員の意識改革を可能にできるのは全国津々浦々の選挙区での有権者です。

日本列島の温度を下げられるか否かは国民の手中にあるのです。

中間的結論　終

以上が大きな初回の区切りとなります。この「ビジョンの本のダイジェスト版」は、ビジョンの本の予備知識の解説書という性格を有します。

本書の結論は本書1～12頁に纏めましたが、この結論を理解するための知識は「水害は人災だ」という認識があれば理解できます。したがって、随所でキーワードである「水害は人災」の解説を致しましたが、未だ不十分です。特に、トップの座におられる国会議員、放送・新聞のメディアの方々も「水害は災害」と誤認されている事由に更に触れざるを得ません。

◎総理、NHKまでもが「水害は災害」と誤認

林業政策が計画経済のため森林が破壊し、下草が消滅し、水害多発が常識であったため

「計画経済のため森林が破壊」ということは、本書73頁の中間的結論の【◎21世紀のあるべき森林・林業のキーワードは家計引当金】で述べましたように『家計引当金の手当→十全な植林・保育』が可能な林業市場経済体制下でなければ健全型森林への復活は不可能であるという裏返しの論理です。ところが、家計引当金の存在すら気付かなかった60年以上に亘る現在の林業計画経済体制下ですから本書7頁3の通り日本での水害は多発が常習化しておりました。ですから我々林業人以外の100％近くの方は「水害多発は常識」「水害は災害」「災害の事後対策は、主にコンクリートによる復旧工事」が常識となってしまいました。

したがって、総理も、NHKも、民放各社も、全新聞も「水害は災害」の論調であり、国家・国民として恥ずかしながら、その論調の方が常識の感すらしています。

林業人なら、平成16年の豊岡大水害の際の総理の視察状況の放映内容及び新聞記事から総理も「水害は災害」と誤認されているな、と承知していました。

案の定、平成17年の首相の施政方針演説で間接球ながら「水害対策も事後対策」、即ち、「水害は災害」と発信されましたので、**トップの総理まで誤認するようでは**温暖化防止対策

も水害対策と同じく原点は「十全な植林・保育」であるのに森林による温暖化対策も災害と誤認されるかも知れません。災害対策には、事前対策と事後対策があります。

事前対策には、メディアからの発信では、地震も事前対策が現実問題に近づいているようですし、津波対策もその可能性がありそうです。しかし、**絶対の絶対に、「水害対策は永久に事前対策」です。**下草緑化作戦について前のチャートを書き換えますと家計引当金の充足↓十全な間伐↓適正本数↓陽光地表に届く↓消滅していた下草が復活↓水害皆無となります。同じく日本列島の温暖化防止対策は家計引当金の充足↓十全な保育（除伐・間伐）↓適正本数↓直径・樹高が大とか高↓**材積増加↓二酸化炭素吸収量増加↓日本列島の温度は下がる**、となります。つまり、**すべての公益的機能を実現するためのキーワードは「家計引当金の充足」です。二重丸で頭に入れて下さい。**既に不良資産型森林に転落していても「下草緑化作戦」により消滅した下草を復活させることは、緊急的水害対策の重要な手法であり、かつ、林木は太くなりますから**日本列島の温度低下に直結します。**重要案件ですから本論で【◎　緊急水害対策・下草緑化作戦】として改めて記述します。

健全型森林には水分を吸収する落葉層と下草が生じ、林地は更に排水と保水の両機能を有しますますから健全型森林を「緑のダム」という所以です。

大型の雨台風が襲来した場合、十全な植林・保育により維持・造成・整備された健全型森林、いわゆる「緑のダム」は余分な水だけを川に排水するという特性がありますから「洪水」になっても基本的には「水害の発生」はありません。**洪水と水害は全く異質です。**

◎総理の「水害は災害だの誤認」を直訴により翌年軌道修正して頂く

追記…平成20年6月8日のNHK日曜フォーラム（地球温暖化と広がる水災害対応策）も懸念していました通り、本年も洪水と水害を同一視（水害は災害という論調）

水は森林により発生し、河川への流量は森林によって調節されるのに、昨年のフォーラム同様に水害対策は入口の方が出口より重要であるのに入口の討議なしの、洪水が発生した以降の出口のみの片手落ちのフォーラムであり、誠に遺憾でありました。ご賛同の方は図書館等で拙書「水害は人災だ—森は死んでいる—」をお読み頂きたいと思います。

一般の方の感覚も恐らく「水害多発は常識化」していましたから「水害は災害」と誤認していた方がほとんどと思います。平成17年の首相施政方針演説の時の総理もそうであった、と思います。というのは、間違いの首相施政方針演説を正して頂かなくては、林業・森林に関して本書1～12頁にかかるすべての事項がよくならない、というまだまだ若き77歳の赤い血が踊り、当時執筆中だった日本中の不適切な森林評価を是正するための本「森林〈林地・

立木）評価の大改訂」の執筆を中止し、本当は総理への直訴用のためだけに「水害は人災だ―森は死んでいる―」を平成17年11月に上梓しました。謹呈の方法論として、森林に関する環境と最も関係の深い環境大臣にお願いするのがよいだろうと、お会いしたこともない小池環境大臣に意を決して厚かましくも、お願いしました。また、恐らくフォローをして頂けるだろうとの考えで大臣宛の写を林野庁長官にもお送りしました。

意が通じたのか、お陰で翌18年の施政方針演説は適切に軌道修正をして頂きました。軌道修正の内容は前述の水害を皆無としたドイツも含む「先人の教え」でありました。軌道修正して頂いた「先人の教え」は、「水害は人災だ」の本で「水害を皆無としたドイツの歴史」「水害を皆無にした金原明善の歴史」「水害皆無は歴史が造る」で記述しました。

「事前対策」とは本書7頁3の水害発生のチャートの逆ですから家計引当金の手当→十全な植林・保育の実行→適正本数→下草・落葉層発生→水害・渇水皆無となります。

◎　**経営分析は林学では不可能、森林学では可能**

一言結論は家計引当金の存在意義すらない林学では不可能です。

白書は森林・林業の経営分析を行い、的確な将来の予測を行う責務があります。経営分析を行うには、第1に適切な資料の選択が必須ですが、このことは、既に記述済みです。第2

に林業経営の場合、他の産業、会社と同様に家計引当金の過不足のチェックがなければ植林・保育引当金も含めて経営分析が不可能です。

林学には家計引当金の概念はありませんが、森林学は林業市場経済理論に立脚した森林・林業に係る学問ですから林業の経営分析が可能です。早急に林学を森林学の名に相応しいように名称も中身も衣替えをしなければなりません。

◎ 森林・林業白書には定量分析が欠如

前述の林学・森林学の相違と連動しますが、白書はある事象について定性分析はあっても対応した定量分析が極めて不十分ですから事業を実行する者としては抽象的な定性分析に加えて具体的な実行指針が欲しいのです。この実行指針は定量分析をして具体的な範囲とか数量或いは％等を示すことになります。

例えば、白書の資源の循環利用林も具体的な範囲を指示（この項の次で解説します。）すべきです。この資源の循環利用林の定義は定性分析だけであって、定量分析が示されていませんから実務的に対象範囲が不詳です。この疑義を明確にするためには林業市場経済路線へ転回して市場性を前提とした経営分析が必須となります。

◎ビジョンの本の参考資料は家計引当金が皆無故の林業倒産の悲痛な林家の生の声

白書がもし、定量分析の一環として各都道府県の森林組合連合会等に僅か一件でも林業に係る経営分析の資料を連年徴収しておれば白書の分析結果の間違いが明白になったはずだとの思いからビジョンの本を纏めるに際して筆者の力の及ぶ範囲で地方の森林組合の生の経営分析結果を参考資料とすることを企画しました。筆者の分析の検証としてビジョンの本に全国森林組合連合会の当時の木下専務さんや和歌山県森連西田専務さん他多くの方達にお願いして収集した資料がビジョンの論理の検証資料のみならず、大改訂の本の検証資料としても輝いています。この検証資料としての意義は今後の森林・林業白書の基本方針の一つとなり森林の持続という国是のため大きな意義を持つ資料です。

これらの資料はビジョンの本の168～182頁に記述していますが、特に、和歌山県森連の資料一は「林業衰退、林業倒産の足音が聞こえてくる」資料です。先に指摘しました白書の間違いも、この参考資料を基準に定性分析しても大筋の間違い点の推察が可能です。

結局、林業市場経済理論なかりせば実用化が可能なプランの作成は不可能です。

◎家計引当金のための適切な立木評価は40年程も皆無

現時点では、森林の持続を実現するためには、林業経営分析上の資料、特に、伐期収入の資料を自分自身の手で作成しなければならないからです。この伐期収入の資料を作成するためには、更に、40年以上も前から続いていています死に体と化している不良資産型森林に対応した適切な立木評価方式が皆無ですが、拙書の「森林〈林地・立木〉評価の大改訂」で発表しました小倉式立木評価方式以外適切な時価を算出できる立木評価方式は現時点では40年間程も皆無です。

◎白書の資源の循環利用林を定量分析したのが筆者提言の生産林

前述の通り白書には、定性分析は勿論、定量分析も指示すべきです。

「資源の循環利用林」の定義の仕方として白書は定性分析上の定義だけで定量分析としての定義がありません。したがって、今回の「ある政党」のプランの範囲は当然「資源の循環利用林」であったはずですが、定量分析での定義がありませんから実行に際して的確な該当範囲を明確に現地に落とすことができません。本書では林道等の両側の距離で定量化した造語として9―3「生産林」（大改訂の本・第1部第二編）を提言しました。

同様に本書12頁の6つの公益的機能の向上のキーワードも「十全の植林・保育の実行率」を指数ないしは数字等ですべて定量化が可能となります。

◎ CO_2の削減目標マップの作成も可能

CO_2の排出量の証明書が高知県で発行されていますが、**近い将来CO_2の削減量の取引も浮上し、この削減量を含めた諸々の森林環境の流域ごと・地域ごとの「貢献度マップ」の活用が可能となりましょう。**一見、畑違いのような何処の牡蠣が大きくて美味しいか、三重の鳥羽か、広島か、九州の九十九島か等いずれが日本一かの要因は上流の森林の「植林・保育」の程度（「水害は人災だ」の本．119〜120頁）で決まるのです。

植林・保育実行の程度を数字等で定量化すれば、水害対策の程度、日本列島の温暖化の防止の程度、牡蠣の大きさ・美味しさの程度等は流域ごとで決まりますから、流域ないしは地域ごとの植林・保育の程度が6という指数の地域等の牡蠣より9の指数の地域の牡蠣の方が大きいことになります。十全な植林・保育を実行した森林からは腐植土が海等へ流れ、魚介類の餌になるからです。平成13年度の白書217頁に有明海《ありあけかい》に注ぐ浜川《はまかわ》流域での「海の森」での下刈作業が写真入りで紹介されています。浜川流域の植林・保育の実行度が10なら有明海の魚介類は大きくておいしいはずであり、かつ、当該地域のCO_2の吸収も満点のはずです。スペインの南海岸に遊んだ時、健全型森林であった子供時代の日本の海の潮の香りを思い出したのです。スペインの海は全く潮の香りがしないのです。海へ流れ込む河川の上流流域における森林整備の差が潮の香りの差となるのでしょう。結局、子供時代の日本と異なりプランクトンの発生が無いから潮の香りがしないのでしょう。上流の造林の実行の程度の影響です。資源の循環利用林は、目視が可能ですが、目視不能な二酸化炭素の吸収量、キレイな空の順位等も前述の通り定量化が可能です。白書も国民が理解し易いように定量化すべきです。目視不能な二酸化炭素吸収量の削減証明、吸収証明について放映がありました。この放映内容は経済財としての**二酸化炭素の固定剤としての取引に繋げることができる**のではと思料できますのでご紹介しておきます。本年3月20日最終段階の校正の真っ最中にNHKの「地球エコ２００８　地球からの環境を考える」、という放映があり、本書と同じ議題でしたので校正の頭休めに「温暖化を救う高知の森」の放映を見ました。

◎ CO_2の吸収枠の新設を

スギと思われる角材（10㎝×10㎝×15㎝程度）に大型気球一杯のCO_2が吸収され、固定されるとの説明でした。このNHKの解説に関連して林野庁の研究機関で木材1㎥当のCO_2の吸収量が分かれば次は気象庁との連携でCO_2の吸収量と温度低下の相関関係が解明されますと日本列島の温暖化防止対策の具体的数値による定量化分析の第一歩になり、この数値は、６つの公益的機能すべての実現度も表示することが可能です。定量化が可能となれば、具体的に定量化して、この公表により**国民・国家が一体となってCO_2の削減に取り組むことができ、更に、削減量の二酸化炭素の固定量を取引の対象とし、更なる削減の弾みになると思います**。この取組みは、勿論、水害対策の指標となる外、本書12頁の18の「森ありて…」の外6つの公益的機能の発揮にも連動することは勿論です。高知県ではCO_2の削減証明書及び吸収証明書を発行し、有名会社20社程が協賛していることを知りました。これらのことは、今後の国家としての実用化のシグナルになるのではないでしょうか。温室効果ガス排出枠（クリーン開発メカニズムＣＤＭ）に対応する新しい枠組みとして**「CO_2の吸収枠」を新設すべきでしょう**。

このキーワードを理解して頂ける国会議員候補をセレクトしなければなりません。全国会議員の意識改革を可能にできるのは全国津々浦々の選挙区での有権者です。**家計引当金の手当を実現し**、6つの公益的機能を満度に上げることができるかどうか、また、本書の題名の**日本列島の温度を下げられるか否かは勿論、オイシイ牡蠣が食べられるか否かに至るまですべての公益的機能の実現はすべての国民の手中にあります**。

◎　**日本列島の温度を下げられるか否か等は国民の手中にある**

本書は国民の援護射撃で日本列島の温暖化防止等を実現したいとの思いです。

そのためには次の手順が必須となります。

1　日本列島温暖化防止等に理解ある方々のみを国会へ送って下さい。

2　超党派で「森林の持続」に必要な**十全な植林・保育を実行するための資金「家計引当金」の手当を実現しなければなりません。**具体的には主に林家ないしは離村・高齢の元林家に替わる**小倉提案**（ビジョンの本4頁第五外。本書110・111頁表1、2）の**林業技術者を雇用するための巨額の家計引当金相当額**を政府と日銀の調整等で手当することを**国会でご審議願いたいのです。**その場合の資金の担保は森林が有する公益的機能の経済的価値（本書125頁の74・99兆円）を上限とします。

3　以上に付随する労務問題、森林環境税・造林補助金との調整等は前述の110・111頁の**小倉案も参考として下さい。**

日本列島温暖化防止対策・水害対策を含む本書12頁のすべての公益的機能の発揮は国民の皆様及び子孫の全員にかかっています。是非、**よろしくお力添えをお願い致します。**

◎　**公共財である「森林の持続」は地球サミットのテーマからの命題**

「森林の持続」に関する大きな世界の流れは、世界からの発信として1992年の地球サミットのテーマが「森林の持続」とされ、各国が守るべき、と発信されました。その事由は筆者造語の「森林は公共財である」からに外なりません。その後「京都議定書」等を経て昨年11月の東アジアサミット、本年の洞爺湖サミットと矢継ぎ早に日本は国策の中でも「森林の持続」を上位に位置付けすべき世界からの要請下におかれています。「水害は人災だ」の理解は、即、日本列島の温暖化防止対策の理解に何故直結するかは前述の通りです。

21世紀以降の世界のテーマは「人類と地球が共存共栄することである。」といわれています。そして、**人類と地球が共存共栄していく**「絆」**は資源とエネルギーと環境です。**

更に、地下資源・宇宙資源等の各種資源の中で資源とエネルギーと環境の三者**を同時に実現できる資源は森林資源以外にありません。**にもかかわらず。我が国の植林比率は40年以上も超低比率が続き、現在は誠に恥ずかしいことですが、**植林比率はゼロ%的で世界一の後進国**です。ズバリ、**森林の持続の断絶**です。**政治の力が必要です。マスコミも、このような恥ずかしい実態はご存じないようです。**

なお、1992年の地球サミットのテーマを「森林の持続」と決定した事由は筆者の調べでは不詳でしたが、**前記のような事由ではなかろうか、と推察しています。**

◎　現在の林家の定義は先祖の遺産の「伐りっ放しのタケノコ生活」

林家は生活費の捻出手段を植林費・保育費の引当金からタコ配当してきましたから現在の

林業経済情勢下では森林を持続するための必須の行為である植林・保育を完全実行できる企業家としての林家は超高林齢の所有者以外現在の林家の実態上の職業は「先祖の残した森林価値の伐売業」です。戦後の高級着物等を売っての「タケノコ生活」と何等変わりません。このような重要な公共財の森林を維持・造成・整備する私的企業としての公益性も有する林業の経営分析の結果としてのレポート・著書すら見当たりません（大改訂の本・第２部林業市場での立木評価方式及びビジョンの本・１６８～１８２頁）。

ご先祖が遺した森林価値を細々と伐り売り、即ち、**伐って植林費等の引当金を生活費に転用した**だけで、**無植林・無下刈・無間伐の林家がほとんどではないでしょうか**。

ある政党のいわれる**50年に一度のチャンスも同じ徹**を踏むことになります。

森林・林業白書に記述しています無植林比率等の無の実態と大改訂の本86頁の表での林業の経営分析からの推測として、**伐りっ放しをしている**のが、現下のほとんどの**「林家」**の定**義**といってよいのではないでしょうか。**絶対に白書がいう「植え控え」ではありません。**

白書のいう「植え控え」でなくご先祖に申し訳ない気持ちから「**植えられるものなら植えたい」のですが生活のため心を鬼にして植林引当金等を流用しているのです。**結局、白書の**記述は、全くの反対**です。**これでは結果は当然倒産**です。今後、この間違った判断が続くとしたら日本の森林の原資、林業復活のための**必要最小限の火種は無くなってしまいます。**「植えたくても生活費が無い」から植えられないのです。植林費等からタコ配当して、その日その日を先祖のお陰で生き存らえているだけです。諸外国にこのような国家があるのでしょうか。本年、日本は洞爺湖サミットの議長国です。**翻訳して欲しくない行《くだり》です。**

50年に一度のチャンスと太鼓を叩いて伐採しても**大面積の伐りっ放しの伐採跡地が残り、跡地に活用価値が極めて低い雑木林が残るだけとなります。**結局、林家は、林業という私企業を放棄すると同時に**公益的私企業である**「森林の持続業」から得られる**公益的機能の満度の実現も筆者独自の定義である「森林という公共財」も併せて放棄してしまったのです。放棄させたのは政府が「家計引当金」の手当をしなかったことが最大の原因です。**

白書の公表では、昭和35年の植林比率が50・4%とほぼ半ばですから、この統計数値から放棄が始まったのは、それより10年前位以前でしょう。公益的企業としての「森林の持続業」までをも半ば放棄しているのに林野庁からの諮問に対し林学会として今後の日本林業の指針は自給自足林業を継続すべきであると答申され、それ以降も地球サミットからの命題である公益的企業としての「森林の持続」の程度は地上すれすれの低空飛行でしょう。

国是である地球サミットからの命題「森林の持続」を放棄すれすれで現在も続けていると

筆者は思料しています。

◎白書はもっと植えよ、だが林家は、もっと植えたいのに植えられない

死んだ森林を再生させるためには白書がいう「もっと植えなさい」という精神的奨励だけでは植林はできません。伐期収入に全く残存していない「家計引当金」をどのような方法、手段によって手当するか土俵際に追い込まれて林家は植えたくても生活費の捻出ができませんから前述の通り、植林・保育引当金からのタコ配当で生活しています。

日本全体で家計引当金が幾ら必要なのか筆者には見当もつかない程の巨額資金です。具体的には現在の国家予算では捻出が不可能と考えられる程、巨額な「林家に必須の未来永劫の生活費の手当」であり、この手当がなければ森林の持続は不可能となり、**我が国は地球サミットのテーマ「森林の持続」違反になるのです。**それも「公共財としての森林の持続」です。では、どうすれば森林の持続を可能にできる巨額の資金を捻出できるのか、**本邦初の捻出方法を本書は提言しています。**

実務的には本書がいう企業と家計の調整が実行され、**実行が軌道に乗れば半世紀程度の期間の生活費と保育費の全額及び若干の植林費程度が不足かな、と推察しますが、**詳細は現時点で大改訂の本の86頁の表の山元立木価格の再評価（筆者の評価は平成13年4月1日が価格

時点）を時点修正をし、かつ、造林補助金も加味して再評価しなければ詳しくは分析できません。

本書で提言しました**企業と家計の調整方法こそ地球サミットのテーマ「森林の持続」という地球温暖化防止等の実行に係る具体策ですから国政として実行すべき最たる範疇のテーマです**。したがって、序論の概要の通り**「企業と家計の調整」を政府と日銀により「家計引当金」を手当すべきだ、と提言しています**。

「林家に係る生活費皆無」及び金額的には保育費相当も皆無という潜在資料の発表は拙書以外にないはずですから全ての政党もご存じないのが当然なのです。もし、森林の持続の手段が満点ならば、本書の題名は「森林ありて日本列島の温暖化防止も満点」といえます。同じ論理で「森林ありて渇水・水害対策も満点」その外本書12頁の諸々の「森ありてサカナ・牡蠣も育つ（「水害は人災だ」の本119頁「森が消えれば牡蠣も死ぬ―無下草が牡蠣の殺人犯」）等々ともいうことができます。

逆説的にいえば「**植林・保育という事前対策**」が満点でなければ「水害対策及び温暖化防止対策は満点でない」といえます。**満点ということは「水害とは人災」という論調になります**。「水害対策が満点でないこと」は「水害対策とは主に河川改修である（ＮＨＫの日曜フォーラムの基調）。河川改修とは主にコンクリートによる事後対策である」即ち、「水害とは災害である」という論調になります。

前述しました通り、特に、林業衰退と林家に係る家計引当金の不足との両者のキャッチボールにより林業は倒産・健全型森林は不良資産型森林へ転落し、現在では「森林の持続」の原動力である家計引当金が皆無となり、不良資産型の末期症状に陥っています。

つまり、家計引当金を政府が手当しなかったがために、**不良資産型森林に転落し、連動して水害が多発・日本列島の温度上昇の外、定量分析はしていませんが、6つの公益的機能はすべて低下しているはずにもかかわらず**国会議員・NHKの方々は水害の原因は、「水害は災害だ」**と誤認しています。**以下、温度上昇も6つの公益的機能の低下もすべて人災という論理になります。この辺りの解説をもって**「水害は災害」という誤認は最後にされますよう**お願い致します。

したがって、「不良資産型森林の形態は末期に近い」ため「林業政策」でなく**「国策」**として**「健全型森林への復帰を国是」**としなければならないという論調になります。また、**「健全型森林への復帰の第一の鍵は家計引当金」**である、という論調にもなります。

◎ 僅か2割の国産材供給比率では日本列島の温度は下がらない

温暖化防止対策は大別しますと社会環境面からの排ガス等の規制と自然的環境面からの樹木による二酸化炭素吸収対策、つまり、森林による温暖化防止対策に分かれます。

このダイジェスト版は日本列島の温暖化防止対策を自然的環境面、即ち、森林次元で考察しようとするものです。更に、本書での温暖化防止対策に関しての前提条件は日本列島で発生した二酸化炭素を吸収可能な樹木は四囲が海に囲まれているという地理的位置から**外材では不可能だという立場**をとっています。即ち、日本列島の温暖化防止に寄与できる樹木は国産材に限るという見解です。

更に、重要なことは、同じ国産材でも例えば300年間も伐採されずにいるより60年ごとに5回伐採する方が大筋でCO_2吸収量は主に樹幹（丸太）に固定されるため**5倍も多い**のです。即ち、日本列島の温度を下げるためには、**立木一代（植林→伐採）が永久回転できる「森林の持続」が最重要です**。したがって、国策としては、伐りたくても伐れない非生産林（本書156頁）は、原則として、法による禁伐等以外の範囲を可能な限り生産林（本書156頁）に転換しなければならないという責務も負っていることになります。

◎ CO_2の自前処理を世界の合言葉にしよう

◎ 温暖化防止対策のトップの樹種はヒノキ

林学・林業次元で国産材の内CO_2の吸収量が最も多い樹種は、同一の成長期間で材積が最も多くなる樹種です。最も多くなる樹種のトップは勿論スギです。しかし、材の効用面を重視する森林学次元でのトップの樹種は、勿論、ヒノキです。では、現実問題として「森林による温暖化防止対策上の有用樹種」はスギかヒノキかどちらでしょうか。

今後の需要供給面で「量」重視のスギと「効用」重視のヒノキとは実体上、大筋としてどちらの樹種を消費者が選ぶかは、需要供給の原則等によって両者の効用面と両者の価格バランスとを考慮して外材に強い樹種を選ぶことになります。**ヒノキの価格をスギの3割増程度に誘導することが可能ですから将来の実務上のCO_2の吸収量の最大の期待樹種は現在のスギに替わってヒノキとなります。**

次に、外材とスギの比較をみてみましょう。例えば日本家屋で人の目に付かない箇所の材は価格面で高級向け以外のスギ等については、より安価なラワン等の外材が活用できますからスギ等に替わって外材の輸入量が年々増加し、今や、**国産材供給比率は20％程度という状況です。**即ち、CO_2の吸収量が最も多いスギ等から需給面で供給材が外材にとって替わりましたから外材の供給比率が8割も占める**現在では国産材のスギ等をCO_2の吸収量の代表格の樹種とみることは非現実的です。**

排ガス等により発生した二酸化炭素は樹木が吸収しますが、海を隔てた外国材では日本国内のCO_2の吸収は不可能であり、本書は国産材に限るという見解ですから自国で発生した二酸化炭素は自国の樹木で吸収すべきだとの見解です。自分達が排出した二酸化炭素は、原則として自前で処理すべきです。更に、CO_2の自前処理運動が世界の合言葉になればよいのですが。

ですから木材需要量の8割程度も占める外材では日本列島の温暖化防止に寄与できないのです。国産材のみが寄与できることになります。即ち、**日本列島の温暖化防止対策のキーワードは国産材の供給比率を可能な限り早期に高めることに尽きます。**

中間的結論の最初に【◎ ビジョンの本のキャッチフレーズは「日本中、ヒノキ造の戸建住宅の建築が可能」】と掲げました。その一口事由は、**ヒノキが世界で一番効用が高く、外材との競合も少なく、**現在**スギより2～3倍高い価格を**需要供給の原則とか予測の原則を活用することによりスギの**3割高程度に50年位で誘導**の目途が立つからです。

公益的機能の確保の上からも現在の不良資産型森林から健全型森林に誘導するための主要

樹種は何でしょうか。

本書57頁の「中間的結論」の冒頭に早々と顔を出すヒノキより、芳香性、耐用年数、肌ざわり、美しい年輪等の効用面で上位の国産材も外材もありません。即ち、**ヒノキの代替材は外材にも存在しません**。結局、21世紀以降の植林（栽）樹種の中で二酸化炭素吸収源として**期待できる実務的な中心的樹種はヒノキということになります**。本書12頁の6つの公益的機能を発揮する中心的役割を果たす植林樹種も21世紀以降においてはスギではなく外材でも代替が不能なヒノキだと指摘することができます。

次いで、枝打済み等の付加価値が高く、外材も代替不能なスギ等が続きます。

では、国内で実務的にヒノキを主要樹種として仕立てることが可能なのでしょうか。答えは可能です。ですからビジョンの本のキャッチフレーズを「日本中、ヒノキ造の戸建住宅の建築が可能」としたのです。

宇宙時間の瞬間とは石原都知事によれば「宇宙物理学者ホーキング氏は100年足らずと言われた」とのことです。大筋ながら北海道以外の**日本中でヒノキを中心に造林し、日本中がヒノキ造の建築が可能になる初期段階における時間は経済原則を駆使すれば宇宙時間では50年から1世紀で可能です**。また、経済価値が高いヒノキの伐期到来が近いと分かれば林業は活性化されます。**活性化されればドンドンと人は山村に逆に流れ、不良資産型森林への転落とは逆に林業の復活が人を呼び、労働力が高まるにつれて林業が更に活性化する良い方向への相乗効果となりましょう。**

森林の持続を可能とするための植林・伐採・販売に要する時系列的計画は予測の原則とか需要供給の原則等の経済原則を駆使しなければなりません。しかし、これら経済原則は一般に馴染み難いため、その解説をダイジェスト版では割愛しましたが、ビジョンの本では詳述（56・78～79頁）しております。

日本林業政策というより日本列島の温暖化防止対策等という国策としては特に「予測の原則」の活用により宇宙時間の瞬間の2分の1の**50年程度で大筋の政策樹立の目安は可能となりましょう。**以上の大筋で出版しましたのがビジョンの本です。

しかし、この本の基礎理論は本邦初という林業に係る市場経済の本であり、我が国では明治初頭に林学大系が確立してから初めての思想であるため、この本の内容は主として全国の**林学の学者、研究者、林業実行機関の方々に薄学の身ながら一生懸命当該理論の必要性より必然性をご理解頂きたいために上梓したものです**から難解の部分も含んでおります。また、ビジョンの本は温暖化防止に絞った記述でないため、本書は、温暖化防止対策に絞ったものです。更に、このダイジェスト版は平易な表現で国民の皆様にご理解を得たくて組み替えた本です。日本列島の温暖化防止も含めた6つの公益的機能の発揮を十分にするためには、どのようにして森林の持続を図ればよいかを解説した本です。

針葉樹と広葉樹とどちらがより温暖化防止に寄与できるのでしょうか。答は、迷うことなく針葉樹です。その事由は針葉樹の樹幹（大筋では丸太）の材積は広葉樹より通常2倍以上も多いからです。

◎都市公園及び工場・道路緑化等にCO_2吸収量の多い針葉樹（常緑）を可能な限り植林すべき

特に、都市公園の鳥獣の棲家とかレクリエーション向きには、多くの色彩のある広葉樹が最適であるものの、日本列島の温暖化防止という国是に照らして3割程度まで広葉樹を針葉樹に転換すれば我が国全体としての吸収量は極めて多くなります。

◎残存している森林の原資の程度より判断して市場経済へ転回のラストチャンス

結局、近刊の「ビジョンの本」は林学・林業にもマーケット理論（林業市場経済理論）を明治初頭に採用すべきであったとし、次のチャンスは戦後直ぐであったとし、現在は、「森林の持続の原資」が相当涸渇していますが、**必要最小限の原資が未だ残っていますから最後**

の林業政策路線・国策路線の転回のラストチャンスと訴えた本です。

本書の題名以外に本書12頁の通り「森ありて国産材の供給あり」「森ありてサカナも育つ」等々18の題目及び6つの公益的機能が並びましたが、いずれの表題を本の題名としても基礎理論は「森のマーケット理論」である「林業市場経済理論」を底流としなければ6つの公益的機能の満度の実現は不可能です。その底流とは、日本国も守るべき地球サミットのテーマ「森林の持続」に外なりません。

現在の国産材供給比率が僅か20％という超低比率は、森林面積比率が68・2％で世界1位のフィンランドに次ぐ第2位の**森林大国としては大きなアンバランスの比率**です。

日本国の林業に係る位置付けは、森林比率が世界第2位にもかかわらず**植林比率はワーストワン**です。**この事実の原因・事由を全国民・全国会議員は基礎知識として知って頂かなければ植林比率ワーストワンからの脱出の方法すら見いだせません。**

更に、**我が国の植林比率ゼロ％的**は、ワーストワンといわれる熱帯林の10％強と比較しますとアンバランスを通り越して**タメイキが出てしまいます。**

したがって、市場経済への転回により国産材の供給比率が高い健全型森林に万難を排して回復させ、6つの公益的機能も徐々に回復しなければなりません。

その実現には、**今、急いで林業市場経済路線にレールを切り替える必然性があります。**

ビジョンの本とこのダイジェスト版は筆者自身が林野庁内では最大の林業計画経済理論の旗振り役だったという反省から生まれた本です。筆者も林政（林業政策）担当の中堅幹部であったればこそ、36年前に不動産鑑定士の六法ともいうべき「不動産鑑定評価基準」の基本的考え方を記述している「不動産に関する基本的考察」に不動産鑑定士の受験**勉強のため初めて接した時、私が林野庁の事務方として先頭に立って指導してきました「スギ中心の伐採量重点」の林野行政（林政）の基本路線は、?ものだった**と直感したからこそ新理論が誕生できたのです。この36年前は脱サラ直後ですから生活がかかっていました。しかし、寝る間も惜しんで執筆しておれば不良資産型森林への転落の道は30年位前に防げたかな、と反省したり、この時点で林業市場経済路線を立ち上げていたら中国のように「量」から「質」への転回で「社会主義市場経済」が中国の繁栄を生んだように我が国林業も不良資産型森林から健全型森林に逆戻りをし、筆者の出身母体の林野庁もこのように縮小されなくても済んだかな、と自問自答しております。

◎**「水害は人災だ」の先人の教え**

前述の通り平成17年の首相の施政方針演説内容に対する直訴用に「大改訂の本」の原稿書

きを一旦中止して「水害は人災だ」の本を上梓し、その内の「先人の教え」が軌道修正の文言でありました。

記述内容は、国としては、森林の持続の模範国はドイツ（本書64頁）であること、国内としては、明治の前、十全な植林・保育等により「暴れ天竜」を「穏やかな天竜」に変えた金原明善翁の話、筆者も裏方として参画した昭和43年の**大面積皆伐禁止の国会審議の話**、江戸時代の「山川《やまかわ》の掟」、明治時代の「治水三法《ちすいさんほう》」も全て事前対策としての先人の教え（「水害は人災だ」の本・61〜67頁）の歴史を詳述しています。

◎ 辻経済学博士・小倉案

未完成の部分は大きく分けて2つあります。一点は人文科学と自然科学が融合した林業市場経済理論を完成するための研究・調査に最低5年は必要ということでしょう。

もう一点は、公共財である森林を持続するための原動力である林業という公益的私企業を稼働するための林家の生活費の引当金が40年程も以前から皆無ですから先進の資本主義国家と同様に政府・日銀による「林業に係る家計と企業の調整（3頁の注5、123頁）」**を実務的にどうするかという問題です。**この調整の実践理論は経済学の範疇です。更に、公共政策の学者のお力をお借りしなければ前へ進みません。

ビジョンの本では現在の林家の懐具合は伐期収入からの家計引当金が皆無のため、生きていく手段として、やむなく本来手を付けてはいけない次世代の森林造成の原資である植林費とか保育費を生活費に流用していると記述しております。連動して結果は無植林・無下刈・無間伐が発生し**森林は半ば死に体と化しています。**

したがって、無植林等を解消し、21世紀以降の森林の持続のため、**林家を林業技術者の資格等で準国家公務員等として雇用する小倉案**（ビジョンの本4頁の第五外及び本書110・111頁の表1）を提案しました。**この場合の原資は林家所有の森林（林地・立木）を国が借り上げ、森林から上がる収益は国と分収形態とすることを提言しています。**一方、ビジョンの本では、企業と家計の実務的な調整方法については私のように通り一遍な経済学の本を読んだ程度の知識では分かりかねますので経済学者のお智恵をお借りしたいと記述しております。私事ですが、腹部大動脈瘤の手術後、救急車で阪大へ再入院する等三途の川駅まで2往復しながらも悲壮な決意によりベッドで大筋を書きあげた林業市場経済理論の本でしたが、筆者の交流関係では全く畑違いの経済学者を捜し出すことは非現実的と考え、鑑定士仲間に経済学者を紹介してくれとお願いする一方、この願いとてまずは難しいだろうと考え、ビジョンの本の未解決点の「企業と家計の調整」を自分の手で勉強せざるを得ないであろう、と車窓からしか見たことのない大阪市立大学を訪ね経済学部の教務課で色々お教え願い、本年の4月聴講生として出願の腹を決めていましたところラッキーにも大和不動産鑑定㈱の八杉社長にご紹介を頂いて、お説を拝聴させて頂いた公共政策の権威者である大阪大学名誉教授・兵庫県立大学教授の辻正次先生から森林が間接的に有する公益的機能の評価額を活用する方法で対処すればよいとお教え頂きました。

◎　企業と家計の調整用の担保は「森林の公益的機能の評価額」

辻先生案と**小倉案**（16・17行前の太字）とを仮にまな板に乗せて検討するにしても複雑な会計処理も含めて、その検討は極めて複雑怪奇となりましょう。明るいビジョンのため速く纏めたいものの、その検討のために必要な人数と検討期間はどれ程がよいのか、また、造林補助金との組み合わせによる総合判断とか辻先生案と小倉案との併用方式等々の検討に要する期間がどれ程必要なのか、筆者には見当すらつきません。やはり、組織力のある林業専門の官庁である林野庁の主導がなければ前進は不可能です。

但し、ビジョンの本で筆者は林業に係る企業と家計の机上プラン（3頁の注5）を記述した際に公益的機能の評価額を活用する手法が浮かんだものの実践プランとして活用が可能かどうか自信が無かったため、注書とランクを落としたのですが、実務的な調整方法は辻先生のご教示で平成12年度の林業白書の「森林の公益的機能の評価額」（白書53頁・本書125頁）を担保として「企業と家計の調整」を行う案が浮上してまいりました。

結局、ビジョンの本もダイジェスト版も森林を持続するための主要樹種は、最有効使用（最高最善。本書の参考編6「最有効使用の原則の基調である経済原則」）の観点から「効用という質」に重点をおいて共にヒノキとしましたが、仕立て方を人工林にするか天然林にするかについては、ビジョンの本を執筆した時点では「無資金的」「無労力的」という現在の双子の無の林業経済情勢を踏まえて天然更新に重点をおかざるを得ませんでした。しかし、ダイジェスト版では政府と日銀の調整によりヒノキの**人工造林資金は調達可能という前提にたって**ヒノキの人工造林を主としました。

平成12年度の林業白書における年間75兆円程（森林の持続の程度が年々低下し現在では相当低下しているため評価額も年々低下しています。）にも上る森林の公益的機能を第1次上限としての調整方法が実現できれば、次いで、可動労働力を第2次上限として**人工造林を森林の持続の手段としてトップに据えることが可能です。**2・3行前の（）内は、**国家・国民に大きなシグナルを発信**しています。それは、「年々低下し続けている公益的機能の**経済的評価額の下落を家計引当金の手当の実現により1年でも、2年でも早く止めるべき責務が**

ある」とのシグナルですが、現在の林野庁の林業政策は、人工林に重点をおいているものの成長量に重点をおいていますから成長量が早い代表選手のスギ等より安価な外材の進出により国産材の供給比率は超低率の２割程度となり、売れない国産材で森林は荒れております。となりますと、現在のように伐期時に材が売れない「量」重点の林業計画経済下にあっては**スギは二酸化炭素の吸収量の特待生であっても早期の転回を促している林業市場経済（質次元）下では最下位の劣等生です**。では、優等生の樹種は何でしょうか。

ビジョンの本．第1部第1編第２章第２節森林の価値等で記述しましたように「最有効使用」の考え方は量による最有効使用と質による最有効使用の２つしかありませんから本書１３８頁【◎　標準伐期齢の考察から生まれた林業市場経済理論】の通り、現行の「量」でなく「効用という質」に重点をおいた樹種となります。それは、木材の効用に重点をおく林業市場経済理論上、当然、主として前述の通りヒノキの人工造林となります。

人工造林における我が国の主要樹種をヒノキへ転換する実現方法は、主に需要供給の原則により予測の原則、変動の原則等を補完原則として活用（56・78・79頁）することにより現在ではスギの丸太価格より**2～3倍程度も高額なヒノキの丸太価格を3割増か4割増程度に誘導することが**１００年程度先に、**誘導方法によっては50年程度先に実現出来る可能性があり**

ます。したがって、ビジョンの本のキャッチフレーズを前述の通り「日本中、ヒノキ造の戸建住宅の建築が可能」としています。半世紀以上も昔、北海道の官舎で家内が経験したように拭き掃除でトドマツのトゲが指に刺さるようなことも無くなり、ヒノキ造の木造住宅は肌に優しく、暖房効果も高くなり、耐用年数も永くなります。

ビジョンの本では、原則として「無資金的」なウエイトが高かったため**人工造林による森林の持続を頭から諦めていた**のですが、辻先生のご指導で「無資金的」の解氷が期待できましたので、ビジョンの本と異なり、このダ**イジェスト版では人工造林による森林の持続の手法に重点をおきました。**

無労力的でも実現可能な天然更新に際しては風により落下してくる種子の母体である母樹を残すための主伐方法にビジョンの本で環境を考慮して非皆伐の「分散主伐」（ビジョンの本121頁。本書9─10「分散主伐」）という用語を造語しました。

この手法は、平成5年に観光を主に見学しました「黒い森」の名で有名なドイツの択伐という手法を援用したのと、高知県土佐山田町で見学しました「作業道（林道等を起点とする高性能林業機械を移動させる道路）」の活用方法及びビジョンの本168頁参考資料のうち資料五（大阪の越井木材工業㈱の社有林の記録）の作業道の考え方も援用しました。このダイジェスト版における21世紀以降の森林の持続のための施業方法は、辻先生のご提唱により森林の有する公益的機能の現実的価値を政府と日銀の調整により人工造林に重点をおくという手法に変更しましたので天然林施業に重点をおいたビジョンの本と大きく異なってまいりました。したがって、「無資金的」「無労力的」という双子の「無」を冠した「林業経済情勢」を前提としたビジョンの本とこのダイジェスト版における両者の森林施業の内容を主と従に分けて比較表を作成しました。

表１：「無資金的」「無労力的」の考え方のビジョンの本と本書との相違

<table>
<tr><th></th><th>ビジョンの本</th><th>本書</th></tr>
<tr><td>「無資金的」の定義（両者共森林環境税の有効活用を含む）</td><td>「家計引当金」・「保育引当金」と「緊縮の国家財政」但し、植林引当金は概ね伐期収入内に残存と推察</td><td>「家計引当金」及び総額の程度としては「保育費相当額」但し、植林引当金は同左。なお、植林・保育引当金の的確な残存の程度は両者共現時点での再試算が必須</td></tr>
<tr><td>ビジョンの施策</td><td>ペーパープランニングとして「諸外国では、経済主体の政府と中央銀行（日本は日銀）が企業と家計を調整する。」と記述。したがって、現実のプランニングは経済学を考慮外として専ら林学的なプランを提言しました。（３頁注５参照）</td><td>辻博士のご指導により本書での提言に係る国家財政は政府と日銀の調整により家計引当金の手当が可能と見込んで、この相当額はビジョンの本での無資金的の範疇から除外し、実行可能案としての調整の原資を白書が公表の公益的機能の評価額（平成12年度林業白書では年間約75兆円）を上限としました。</td></tr>
<tr><td></td><td>主：ヒノキ等の天然下種更新
但し、天然下種更新が不能の場合はスギ等の人工造林</td><td>主：稼働労働力に見合ったヒノキの人工造林、次善の樹種は適地の関係でスギ等の人工造林
従：ヒノキの天然下種更新等</td></tr>
<tr><td colspan="3">天然下種更新についての特記事項：本書の大前提は、実務的な施業を前提としています。したがって、伐採時に伐期収入が黒字になることが大前提です。実務的には、原則として、本書の生産林ゾーン内（本書９－３）で施業すべきであることを特記しておきます。</td></tr>
<tr><td>小倉案：「無労働力」の対応策（４頁第三参</td><td colspan="2">主：倒産のための離村・高齢者等に替わる林家の代替要員として第１に、市町村等の末端の森林組合、第２に、定年の前倒による林業技術者、第３に、</td></tr>
</table>

照)	75歳程度までの既退職者のシルバー林業技術者を充て、また、山林労務希望者には林業技術者より20年程度、若年の方を対象に林業技術者の定年年次に差をつけ、退職希望の林業技術者・山林労務者には退職金等の優遇措置を講じます。なお、政府がかつて提唱した建設労務者の山林労務者への配置替を国交省主導で強力に図ります。 従：建設作業員の移動、ボランテイアの方の応援態勢をとる。更に、**急増が予測される外国人の山林労働者の受入れ体制の準備も必要でしょう。**

表２：森林施業内容についてのビジョンの本と本書との比較表

前提	ビジョンの本の森林の施業	本書の森林の施業
「無資金的・無労力的」な林業経済情勢 但し、本書は資金・労働力とも可動の上限を前提とする	主：ヒノキ等の＊１天然下種更新	主：**ヒノキ中心の人工造林**
	従：ヒノキを中心とした人工造林	従：ヒノキ等の天然下種更新
	但し、両者とも「ヒノキを中心とした人工造林」の「中心とした人工造林」とはヒノキに次ぐ人工造林はスギその他とします。 また、付加価値向上のためスギは勿論ヒノキの＊２枝打も行う。 なお、ヒノキ等の天然下種更新にはトドマツ・エゾマツ等も含む。	

＊１：天然下種更新：通常、天然下種更新とは、風で飛んでくる種子で森林を造成しようとする更新方法です。

＊２：枝打：枝打とは、材の欠点である節を無節とする等丸太の品質を高める作業です。

◎　顕在資料と潜在資料

森林・林業白書の資料には、原木市場で成立する丸太価格等の顕在価格を求めるための顕在資料と山元立木市場で成立する山元立木価格等の潜在価格を求めるための潜在資料があります。その具体的な例が前述しました平成12年度の林業白書の68頁の図Ⅲ－5に関連した不適切な林分収穫表の採用（本書8頁の表）です。この白書の図Ⅲ－5は的確な山元立木価格が大前提で求められます。白書の山元立木価格の純収益は**不適切な前提条件を前提とした不適切なアンケート**による資料を基礎資料として採用していますから結果は、**適切な純収益と2倍程も異なるという大々間違い**となっています。ですから筆者としては「瞬時にして」発見ができるという**国家の根幹に関わる恐ろしくなる間違いの例**です。

ある政党は「50年に一度のチャンス」といわれましたが、このチャンスを実現するためには山元立木価格の純収益に家計引当金が存在していることが大前提です。白書の資料はその大前提が皆無ですから**日本の将来を託すビジョンの資料とはなり得ません。**ある政党が気付かれなかった家計引当金等の資料は潜在資料です。

日本の森林・林業の将来の予測のために白書で最も重要な価格は山元立木価格です。また、最も重要な資料は、山元立木価格を求めるための潜在資料です。白書が何故間違ったかは、**第1に、山元立木及び搬出市場という概念すら白書にはないことです。**具体的には既に記述しました収穫表の選択誤りに端を発していますが、もっと重要なことは両市場の分析が皆無だったからです。参考編の「□森林・林業に係る哲学的・経済学的思考」の「2　時間」の時系列的な生産・分配・消費と市場の関連を分析し、最終市場の原木市場から**逆に考察すれば「顕在市場の原木市場」と「潜在市場の搬出市場・山元立木市場」が浮き彫りになったはずです。**しかし、林学会記述の森林・林業百科事典及び**白書には、潜在市場の各市場の概念すら存在していません。**なお、当該「森林・林業百科事典」、即ち、林学者・林学会の記述によりますと木材市場という項目の冒頭で「市場とは、…」と顕在市場である原木市場の丸太価格の定義のみが記述され、**潜在市場及び潜在価格の存在すら全く気付かずに木材市場は顕在市場の原木市場のみとされています。**

林業の成果品は植林・保育の成果物である潜在価格としての山元立木であり、この山元立木の潜在価格は山元立木市場という潜在市場で発生するのです。更に、この山元立木価格は林学会が辞典でいう「顕在市場の木材市場で発生する顕在価格の木材価格」から潜在市場の搬出市場で発生する搬出価格を控除して求めるのです。更に、単なる控除（的確な解説は複雑になるため敢えて単なる控除としました。）でなく利用率等極めて複雑な検討も含まれます（大改訂の本、第2部）。

手厳しい表現で恐縮ですが、**以上の数行程の記述内容の白書では林業・森林の経営分析は絶対に不可能です**。つまり、林業の経営分析は、林学会のいわれる「木材市場の分析だけ」では、**将来の日本の森林・林業のビジョンの提示は大筋ですら絶対に不可能です**。

筆者提言の森林学なら林業に係る顕在市場は、苗木市場と原木市場であり、潜在市場には、原木市場と不可分の関係にある「山元立木市場」と「搬出市場」が存在する、と記述することになります。更に、前述の山元立木市場・搬出市場・原木市場で発生する価格のメカニズムはビジョンの本の森林組合から頂いた資料からの分析結果「山元立木価格の下落率は丸太価格の下落率より5割程も大きい」（168～175頁）が3つの市場での価格メカニズムの関係を如実に表しています。この森林・林業の現地の生の声とか、ビジョンの本での森林組合の悲壮な声の外、一例ですが、龍神森林組合のコメント「森林所有者の生活費引当金は皆無となる」（173頁）等々の**中小の林家の生の声を知らずして「もっと植えなさい」「小規模林家が植え控えている」等が白書の林業政策**ですから、指導する白書が「家計引当金の意義」が分からず、現地の森林組合が必死でコメントしている事実はどう解釈してよいのか、これでは日本の将来は、悲しい、としか言いようがありません。このすれ違いの元凶は搬出等の価格（第4編138～143頁）の実態を承知していないことと白書における8割もの「幻」の大間違いの山元立木価格を21世紀の我が国の森林・林業に係るビジョン樹立のための基礎資料と信じていたということは3市場の存在及び3市場での価格発生のメカニズムを知らないことであり、**この忘却が林業倒産、森林破壊、国有林縮小等に至らしめたといえます。これら白書の間違いは、生きている市場及び関連する資料の分析をしなかったからだと断言できます。**

森林学次元での山元立木価格を経営分析しなければ、我々の子孫は日本列島の温度上昇、水害多発等の6つの公益的機能の享受について**人間としての不利益を被るのです。**

林業市場経済への転換を躊躇している**時間的余裕は皆無的**です。

最後に、日本中が間違っています潜在市場での森林評価についてコメントしておきます。

第1　森林法により林地の評価には立木評価を含める、と解されます。

林地評価（潜在市場で成立する潜在価格）は森林法により立木評価（林地価格と同様に潜在価格）を含めた森林評価とすべきであるのに昭和38年以来林野庁以外の官庁は現在も実務上50年近く立木評価を除外して実行しております。なお、林地価格は潜在価格という一般国民には判断が難しい価格であるため、宅地等の鑑定と同様に国家試験による不動産鑑定士が最近まで国土庁（現在は国交省）所管で評価をし、国民の取引の指標として公示しています。一方、森林評価（林地評価・立木評価）として林業の用に供する評価を1978年度に農林水産事務次官通達により林野庁所管で実施し、資格認定試験に合格した森林評価士が行っています。

即ち、林地価格は国家試験、林地価格の試算より難しい立木価格は資格試験とアンバランスです。なお、森林評価士のみの自営者への評価の依頼は皆無的とみています。

第2　国民のための取引の指標として林地価格は毎年公示されていますが、林地価格と同じく森林の内訳価格（潜在価格）である立木価格（山元立木価格）は公示されていません。森林法に照らし、**同一地点で森林（林地・立木）価格を取引の指標として公示すべき国家としての責務があります。**

第3　公示されています林地価格は立木価格を取引総額から控除して求めますが、立木価格が適正か否かチェックするためには立木評価の技術を会得していなければ不可能です。宅地鑑定より遙かに困難な立木評価が試験科目にもありませんから立木価格の技術を何とか努力して会得（極めて困難。森林内での実務を経験しないと不可能です。）しなければなりません。このことをフォローするためにも山元立木価格の公示は必須事項と考えます。

以上の通り林地評価と立木評価は森林として一体であるべきなのに、縦割り行政で、実態は多くの面でバラバラであり、**国家として交通整理をすべき責務があります。**

林家の山縣睦子女史が著書で嘆いておられる立木価格（潜在価格）は業者の言うがまま、という嘆きは早急な交通整理によって解決し、解決の暁には各政党が行う今後の森林・林業に係るプラン作成にも極めて有意義に関わってまいります。

次に、潜在市場で発生する山元立木評価の困難性は顕在市場での原木価格から潜在市場の搬出価格等を控除して潜在市場の山元立木市場での山元立木価格を求める超高度の技術を要する評価です。ちなみに、参考として、もう5年程も前、元近畿中国森林管理局の立木評価の担当課長であった平野氏に「私の感覚では林野庁のＯＢで立木評価のできる者は２％位と考えていますが、現在は平野さん、どうですか」と質問しましたら「とても、とても現在はパソコンで現職なればこそできますが、ＯＢとなれば新たに、基礎から勉強しなければなりませんから**間違いなく1％を切るでしょうね。**」と言われました。この第三者の発言の１％の方の中から更に、肉体的にも山中の重労働でも大丈夫な方のみが立木調査の適格者です。この立木評価連動して、**立木調査の適格者のみが立木評価の適格者**ということになります。この立木評価をできる僅か一握りの方のみが潜在価格である山元立木価格を評価できる適格者ですから政府指示の競争契約では業務の処理は不能になりましょう。それに、立木調査だけでも極めて多く要する日数と作業員雇用も伴う多額の経費が通常必要ですから競争契約の結果は如何に、と思料します。**鑑定評価料が安いことのみが国益という政府の考えだけでは的確な立木調査を含む立木評価は絶対に**実行できないでしょう。

立木評価の困難性から脱却する根本的な考え方として現在の林学を森林学に発展的改名をして森林学に林業市場経済を踏まえた立木評価学を新設して学問体系の充実から図らなければなりません。立木評価部門に関しては間違いなく先進国でないはずです。

◎　**山元立木価格（通常、立木価格といいます。）と家計引当金**

以上のような高度のステップを踏んで、更に、現在適正な立木評価方式が皆無の状態をクリアア（現時点では、筆者提言の方式のみです。大改訂の本を参照して下さい。）して初めて伐期収入時の山元立木価格が算出されることになります。この項に関しては序論と本論及び次の◎等の項目を特に、お読み頂いてこの項目の解説に代えます。

・森林の持続を前提とした山元立木価格には3つの引当金の残存が必然

・21世紀の森林・林業のキーワードは家計引当金

・白書の資源の循環利用林を定量分析したのが筆者提言の生産林

・経済社会には企業・家計・政府の3つの経済主体が存在

本論　国産材のみが日本列島の温暖化を防ぐ

本書の結論…政府が家計引当金の手当をしなければ森林による日本列島の温暖化防止は絶対に不可能。

国民の皆様の応援がなければ日本列島の温度は下げられません。

新聞報道（左記）…日本近海の水温、世界の3倍上昇

報道記事「平成19年5月16日付け産経新聞記事の概要」

気象庁の観測では日本周辺海域の年平均海面水温は過去100年で世界平均の最大3倍の

ペースで上昇。気象庁は「地球温暖化も一因では」との分析。更に、地球温暖化に伴う日本の地上気温の上昇度と同程度という（1頁と重複）。

という報道記事ですが、筆者は「森林による日本列島の温度上昇」について、定性分析として断言できる大きな基本的知識としては、第1点は、CO_2吸収は、海を隔てた外国、つまり、外材では日本列島の温暖化には寄与しないこと。第2点はCO_2吸収は主に樹幹（丸太部分）に固定されること。第3点は立木一代（植林→伐採）**ごとに**CO_2は樹幹に固定されること。第4点は戦後一貫して不良資産型森林に転落し、樹幹が細くなってCO_2吸収量は大きく減量。第5点は、長期間にわたる無植林地の跡地は針葉樹の材積の2分の1以下である、つまり、CO_2吸収量が2分の1以下の雑木林であること。なお、この雑木林は高温多雨という日本独自の自然によるものです。第6点は新聞報道の過去100年の内、健全型森林から材積の少ない不良資産型森林に転落した期間が100年の半分程ですから気象学的には素人ながら上記の海面水温及び地上温度上昇に大きく関わっていると思料します。つまり、二酸化炭素吸収能力が大きく低下し、冒頭の新聞記事の「世界の3倍」に深く関わっていると断言できそうです。

以上6点の基本的知識及び本年3月20日のNHK「地球エコ」の放映では間伐材の一部約

１５００㎤で大型気球一杯のCO_2の吸収が可能という報道を更に化学及び気象学の機関のお力を借りて定量分析をすれば日本列島全体のCO_2吸収能力と日本列島の温度低下との相関関係の究明が可能と考えます。研究機関のお力をお借りしたいところです。

「序論」の通り公共財である森林の持続を全うするということは木材の生産及び林木内への**二酸化炭素の固定**を目的とした公益的機能の達成も含めた公的私企業としての**林業も**完遂することであり、例えばスギを植えてから伐るまでの立木一代が70年とか１００年（林業市場経済の考え方を導入していない現行の林業政策での立木一代は40～50年程度です。）として、この立木一代を永久回転すれば、即ち、満点の森林の持続（伐っては植えの連続）を遂行すれば、**結局、未来永劫に亘って国産材が生産され、６つの公益的機能が満度に発揮されることになります。**

1　森林の機能

(1)　国産材の供給ありて公益的機能あり

森林の定義を林業市場経済次元、つまり、森林学次元では「森林とは、林業という公益的私企業によって維持・造成・整備される経済財である木材及び公共財である林木の集団」となり、市場経済的な森林の定義が理解できます。機能そのものも表題の「国産材の供給ありて公益的機能あり」で理解ができます。一方、現在の林業計画経済路線、つまり、林学会の解釈である森林・林業百科事典での森林の定義は「**一般的には、樹木が優占する植生を総称して森林と呼ぶ**」と記されています。**この定義は林学での定義といえます。**

序論の集約としては、森林の人文的な定義は公共財と経済財を兼ね備えた財ということになりましょう。更に、森林の機能を詰めますと第1に白書がいう6つの公益的機能は公共財であり、第2に木材供給という経済財であり、第3に二酸化炭素の固定という機能の経済財（現在は自由財としての二酸化炭素の吸収能力という機能を有すると理解できます。）ということができます。

森林という公共財は、公益的私企業という林業と私企業である林業によって維持・造成され、整備される森林という公共財の相互の依存、補完等の関係により森林は益々整備されることになります。

21世紀の森林・林業のあり方は、公益的私企業の林業と公共財の森林の相互依存・補完によって現在の不良資産型森林から健全型森林に復帰させることであり、そのことが必然的に林業の復活、公有林・国有林の活性化、更には国産材の安定供給に繋がることになります。

見方を変えれば、国家・国民のための公共財である森林を維持・造成・整備を行うことができるのは公益的私企業である林業のみであり、林業以外で森林の整備をできる者は存在しません。

公共財の定義については、本書15頁の通り「各個人が共同して消費し、他人を消費から排除できない財・サービスであり、このため市場では供給されず、政府・地方公共団体が供給する。」と記述されていますが、残念ながら、この解説は不十分だと言いたいのです。即ち、地方公共団体の次に「森林」ないしは「等」が欠如した辞典だと個人的に思料します。林学が筆者提言の森林学となれば公共経済学の中で教科書として記述されるべき内容です。つまり、私企業では、公共財の形成は１００％不可能という解釈です。

文部科学省に必ず気付いて頂きたい行《くだり》です。したがって、自然科学一辺倒の現在の林学でなく現在の林学と経済学を比較考慮及び比較考量した森林学を立ち上げる必然性があるのです。その立上げに際して小倉流の公共財の解釈をご審議願っても時間は十分あります。

もし、林業という私企業に税金を投入すべきでない、という方がおられたら次のように反論して下さい。「生まれたばかりの赤ちゃんに、CO_2が充満した空気を吸わせてもよいのか。ないしは森林は、中山先生の辞典のように政府か地方公共団体で供給ができるのか」

表：平成12年度林業白書での「森林の公益的機能の評価額」

（年間。単位：兆円）

①水源かん養機能	27・12
②土砂流出防止機能	28・26
③土砂崩壊防止機能	8・44
④保健休養機能	2・25
⑤野生鳥獣保護機能	3・78
⑥大気保全機能	5・14

注：上記の①〜⑥の総額は、本書6頁の通り、辻経済学博士からご指導を頂いた企業と家計の調整用の担保として提供する公益的機能の上限としての評価額です。

と、今、政府ができるのは家計引当金という間接財によってのみ森林の維持・造成・整備が可能であり、**家計引当金の手当がなければ無植林・無保育が半永久的に続くのです。これでは恥ずかしながら洞爺湖サミットの議長国とはいえません。**

平成12年度の白書53頁での「森林の公益的機能の評価額の算出方法は、「森林がないと仮定」した場合と現存する森林を比較したもの、とされています。森林の直接的効用は公益的私企業の私的部分の林業によって生産される直接的効用の「木材供給」であり、その木材の供給が年々継続された時、即ち、公共財としての森林の持続が満度に達成された時に白書がいう「森林の間接的な効用」である「森林の6つの公益的機能」が満度に年々実現されると読むことができます。平成12年度林業白書の53頁によれば前頁の通り、森林の公益的機能の合計評価額は74・99兆円と公表しています。この外、新たに、林木内における二酸化炭素の固定能力の評価額も加わることになります。

(2) あるべき最下限の伐期収入の内訳は植林・保育・家計引当金

序論の【◎ 家計引当金の必然性に気付いていない森林・林業白書】と【◎ 森林の維持・造成・整備の原点は3つの引当金（植林・保育・家計）】で解説しました通り森林の持続を遂行するためには、**この3つの引当金が必要最小限の引当金であることを承知した上で経営分析を行わなければなりません。**

したがって、家計引当金は本書7頁2のチャートの通り林業の復活のキーワードですから「21世紀の森林・林業のキーワードは家計引当金」といえるのです。

ちなみに、最下限としての3つの引当金が確保されましたら、それ以上の純収益は、林業利潤ですから原則として林家の裁量で貯蓄等に振り向けられることになります。

森林の機能が満度に発揮されるためには、木材生産の回収段階の伐採によって得られる純収益内に含まれる植林費の引当金、保育費の引当金は次世代の森林の維持・造成・整備のための原資として再投資すべきですから当然必須の引当金です。この2つの企業用の引当金以外の家計引当金も同じく森林造成等のための間接的な必須の引当金です。

法で規定されています現行の標準伐期齢時における山元立木価格の純収益は売上高より伐木・造材・搬出等のコストが高いため、即ち、純収益が赤字となり、**伐りたくても伐ることができません**から植林することができません。

即ち、森林法で規定されています標準伐期齢（大改訂の本、86頁の林齢35年から50年生が大筋で該当）では森林の持続が不能であり、地球サミットで各国に課せられています「森林の持続」を全うすることができません。結局、**現行の標準伐期齢は死に体の伐期齢**と化していますから早期の標準伐期齢の改正が必要です。

筆者が大改訂の本で提言しました現行の標準伐期齢のほぼ2倍の期間を要する「経済的伐期齢」を活用しましても純収益内には植林費の引当金だけが何とか残存する程度です。この事実の検証はビジョンの本の参考資料の内.資料一から五を参照して下さい。大改訂の本での資料では保育費は地域・樹種によっては若干残存するか皆無の状態であり、筆者が試算した価格時点から現在までの約7年間分の時点修正をすれば間違いなく皆無でしょう。結局、

表：現行の林政下と林業市場経済下における「家計引当金の有無」の比較表

	筆者提言の林業市場経済下	林業計画経済下（現行の林政下）
伐期収入に占める家計引当金の有無（適切な伐期収入を指数で100として）	未来永劫残存しません。	架空ながら指数は200前後ですから新植・保育・家計の各引当金は残存と推定されます。
試算の根拠	大改訂の本、90頁の表等より標準的な植林費・保育費を控除しての推定。ビジョンの本、37〜44頁を参照のこと。但し、価格時点は平成13年4月1日。	推測

家計引当金は未来永劫全く残存しないことになります。

林家としては、辛うじて残った植林費等の引当金を生活費に転用していますから森林・林業白書に見られる通り各種の実行比率が年々低下しております（平成13年度白書106頁の表ないしは本書2・3頁）が、森林の持続に最も重要な植林比率は、現時点では平成12年の植林比率が6・4％ですから5→4→ゼロ％的と推定されます。我流ながら公共財としての貢献の程度を示す指標とし9―5「森林収益率」を予め造語しました。

林業市場経済路線下の家計引当金の残存の程度と同じく現行の林野行政路線（正確には家計引当金相当額）とのそれを上表と比較してみま

しょう。

◎白書が亡失の搬出市場・同価格及び山元立木市場・同価格の関連が判明するビジョンの本の参考資料

白書の路線が極めて不適切である、と記述する以上裏付けが必要です。本書で記述していますが、次の裏付けがあります。

その資料は、結果として白書の間違いを検証するための資料となったビジョンの本の参考資料（168～182頁）です。この参考資料は、林家が立木を販売するに際して請負方式により市町村等の森林組合に請け負わせた山元立木価格等の実績の資料です。

ビジョンの本の参考資料は死んでいる白書の資料と対比して生きている資料、現地の生の資料であるということです。多くの森林組合・林家の生の資料を掲げ、また、資料五は、和歌山・大分の2県での伐木造材業をされている大阪の越井木材工業の貴重な資料です。（180頁。原本は57頁にも及びますが、失礼ながら紙面の都合で割愛させて頂きました。）

当該参考資料は、白書との関連では、白書が亡失しています木材市場以外の搬出市場及び山元立木市場の相関関係を浮き彫り的に教えてくれます。白書の底流、即ち、林業に係る市場の存在についての林学会の指導は原木市場のみですが、実態は、林業市場経済下の市場は、流通過程ごとに、まず、**山元立木市場**があって、次に、**搬出市場**があり、**最後に原木市場が存在しています。**したがって、市場により顕在或いは潜在価格が発生します。木材生産上の国民経済額（消費過程の国民生産額もあります。）は山元立木価格（潜在）です。以降は、搬出価格（潜在）、最後が原木価格（顕在）です。

適切な山元立木価格を求めるためには木材の流通過程の性格上、原木価格、搬出価格、山元立木価格の相関関係を明確に示す資料が必須です。ビジョンの本には当該資料「**山元立木価格の下落率は丸太価格の下落率より5割程も大きい**」（138頁）**が大きく光っています。**このような分析が序論で指摘しました白書の定量分析の欠如の一例です。

このような現地の生の声を参考資料として掲上したのがビジョンの本の特徴ですが、それよりも**大改訂の本で筆者が色々な現下の林業の経営分析をした結果をビジョンの本の当該資料が裏付け資料として検証して頂いたという意義の方が遙かに大きいといえます。**

◎経済社会には企業・家計・政府の3つの経済主体が存在

経済学上、経済社会には企業・家計・政府という3つの経済主体があり、林業に係る家計引当金の存在は、山元立木価格の純収益の内訳（植林費の引当金・保育費の引当金・家計引当金）の一つとして、実態上は次世代への再投資（植林・保育等）実行のための林家に係る生活費の原資として存在しています。しかし、現在の林業経済情勢下においては純収益の中に家計引当金は残存、即ち存在していません。資本主義経済体制下においては、企業は生産・流通活動の主体とされ、林業では「木材生産・供給」に当たります。また、家計は消費生活の主体です。そして、家計の不足が国家として問題がある場合（伐期における山元立木価格の内に本来残存すべき森林の持続のための「家計引当金」が皆無の場合等）は、資本主義国の諸外国にあっては政府・中央銀行（日本としては日銀）は一国の経済活動全体を調整する経済政策の主体として行動をとります（3頁の注5）。

この原則に則り、公共政策学の権威である辻正次先生からは前述の通り「家計引当金」が皆無の場合は、平成12年度林業白書53頁に公表の「6つの公益的機能の評価額を担保として、政府と日銀が企業と家計の調整をとるべきだ」と、ご教示頂きました。

(2)あるべき最下限の伐期収入の内訳は植林・保育・家計引当金で述べました必須の家計引当金は、大改訂の本の86頁の山元立木価格から一般標準的な植林費・保育費を控除しますと**伐期収入内には家計引当金は只の一円も残存しません。**

(3)　家計引当金は未来永劫に亘り皆無

現時点での伐期収入内に一円も残存しないということは未来永劫に亘って家計引当金は存在しないことになります。
つまり、**家計引当金は未来永劫に亘って皆無**です。

(4) 伐期収入に占める家計引当金ゼロは森林破壊・林業倒産への元凶

本書6頁の1の通り、家計引当金ゼロは、次世代への再投資の原資である植林費・保育費の各引当金をタコ配当として生活費に転用し、その結果、植林比率ゼロ%的を筆頭に、間伐比率もゼロ%的、下刈比率も現在では恐らく3分の1を割り込む低実行比率となっていましょう。

序論の通り、**このタコ配当による再投資の超低率の実行比率は結果として森林破壊・林業倒産への原因となっています**。勿論、将来の国産材の**供給比率は超急激な減少となり、将来の国産材供給は不安定供給となることは必定です**。

「森林の持続」のキーワードである「国産材の安定供給」が実現できなければ「森林による日本列島の温暖化防止」は満度に実現できないことになります。

即ち、**政府が家計引当金の手当をしなければ**森林による日本列島の温暖化防止は絶対に不可能です。国民の皆様の応援がなければ**日本列島の温度は下げられません。**

以上の2行が本書の結論です。

「植林比率」と「保育比率」は年々低下しているため植林・保育の不実行が林業不況を招き、林業不況が森林破壊を招いたことになります。更に、森林破壊が更なる林業不況を招いています。結局、林業不況と森林破壊の両者はキャッチボールを繰り返して林業を衰退させ、森林を破壊へと転落させる過程で林業は倒産、森林は、更に破壊という茨の道を歩むことになりました。

現在の林業経済情勢では、自給率が20％という超低空飛行の比率が示す通り、外材の影響を中心として木材市場における木材の販売単価は大きく下落し、加えて自国内の要因で伐木・造材・搬出費が高騰しています。この分析結果がビジョンの本の森林組合の実態調査による集約として「第４編山元立木価格の下落率は丸太価格の下落率より5割ほども大きい」の表題で解説し、「**山元立木価格の下落原因は、丸太価格の下落率と搬出費の上昇率が拮抗（丸太の下落が半分、搬出費の上昇が半分）**」という集約も致しました。

しかし、以上の集約に類する定量分析は平成12・13年度の白書では皆無でした。連続性・整合性の観点から現在までの白書にも記述がないものと思料しています。

国産材供給比率が20％の現況では日本列島の温暖化防止実現の目安は2分の1世紀後《あと》。同じく実現には1世紀は要します。

(5) 林家が立木を売却する際の2つの事業形態

森林の持続を生業とする「林家」は2つの方法のいずれかにより伐期収入となる山元立木価格を回収します。2つの方法とは請負方式と競争方式のことです。

第1の請負方式は伐期に達した立木の収益を回収するために森林組合に伐採・搬出・販売を一括して請け負わせ販売額から伐出等の事業費を控除した純収益である山元立木価格を「山手代金」等と称して回収します。

第2の競争方式は山元立木を複数の伐木・造材・搬出を業とする伐木搬出業者間の競争契約により山元立木価格を回収する方式です（前述の山縣女史の嘆きの伐木搬出業者です）。

2　死に体と化した現行の伐期齢（第2部第4編第2章）

死に体ということは、現在、法により規定されています伐期齢で伐採しても原木市場での売上高より伐木・造材・搬出費等の方が遙かに高額ということです。

皆で渡れば方式で、法で定められた伐期齢のほぼ2倍の伐期齢でやっと、植林・保育・家計引当金のうち筆者が行った平成13年4月1日の価格時点における中庸地（林地の肥沃度及び搬出条件の中庸地）での試算では大筋で何とか植林引当金程度だけが残存していますが、植林引当金実行の実態は白書で見る限り、昭和35年度の植林未実行比率が約半分ですから**植林引当金から生活費への流用は、少なくとも40年、いや、50年前から行われていたと読むべきでしょう。**白書を読む限り、**流用の実態を白書は気付いていません。**

◎　公共財の森林を生活のため売り食いする林家、それでも日本は国家か

インパクトという面では、書名にしたい題名です。

書名も、原案は「植林比率ゼロ％的の日本は、世界のワーストワン、それでも、環境の先進国か」としていました。

植林比率ゼロ％的の直接的原因が、表題の「売り食い」です。

現下の林業経済情勢では家計引当金が皆無のため公共財である森林を林家は生活の原資と

しています。**政府による家計引当金の手当もないため**、生活の自衛手段として「森林は公共財である」という自覚なしに、自分自身の私有財産という観点のみで林家は植林引当金等を生活費として流用しています。この流用を国家次元からは、公共財の森林の売り食いを黙認していることになります。

森林が公共財であるにもかかわらず公共財を売り食いさせた責任は政府の責任です。具体的には林学会の指導が白書の記述、指導となってしまいました。

森林の売り食いは地球サミットのテーマに照らして「公共財である森林の持続という国是」の上からも対処しなければならない大問題です。

その対処方法こそ政府と日銀による企業と家計の調整による家計引当金の手当です。

いやしくも、伐期齢は森林法という法律で決まっているのに法律違反をしないと生活の原資がないため**国家・国民のための森林という公共財を売り食いして**、今や、植林比率は熱帯雨林の10%程度より低いゼロ%的です。**日本の植林比率は間違いなく、世界のワーストワンでしょう**。そのワーストワンが世界のNo・8の仲間入りで本年は議長国です。全く、**不整合のランク付け**です。

以上の10行程を翻訳して各国に見て貰えば、**日本の林業政策はそれでも資本主義国家の政**

策であるのか、と間違いなく笑われることでしょう。翻訳して貰っては困ります。

不十分ながらも森林の持続が可能な伐期齢を探さなければなりません。伐期齢決定のための指標は造林の成果品である山元立木価格です。即ち、伐採した際の山元立木の粗収入から伐木・造材・搬出等の事業費を控除した純収益の多寡（「質」次元の多寡）、つまり、最高の純収益（現在の林業路線は最高の伐採量という「量」次元に注目）を得る林齢が伐期齢の決め手とすべきです。

山元立木価格は森林法の目的の一つである国民経済額に化体されます。国民経済額は人文科学の範疇に入ります。したがって、国民経済額を決定する最大要因の**森林の伐期齢は、自然科学と人文科学の融合により決定されなければなりません。**

即ち、伐期齢の決定は自然科学の成長量という量と経済価値という効用、つまり、量と質の両面を比較考慮及び比較考量して決定されなければなりません。

現行の伐期齢は林木の成長量が最大となる時点とされ、「量」次元のみで伐期齢を決定しています。

前述しました通り自給自足林業を持続できる林木の原資があるなら森林の持続方法としては、**次善の策**として容認できますが、日本は関東大震災等で原資は枯渇しています。

しかし、自給自足林業を持続するための原資の有無にかかわらず経済原則の最有効使用の原則を前提として「ドイツのような完璧な自給自足林業の『量』のみの市場価値」より**材の効用、材の市場価値を高めるために林業市場経済路線へ転回すべきです。**

転回するための林業政策を決定する林学という学問に**マーケット理論を導入して森林学**とし、**林業を市場経済路線へ移行**しなければ**「日本列島の温度を下げること」は不可能です。**

以上の観点から、即ち、標準伐期齢の考察から林業市場経済理論が生まれ、新しい概念「経済的伐期齢（大改訂の本の第2部。本書9－9）」の誕生となりました。

◎**標準伐期齢の考察から生まれた林業市場経済理論**
～標準伐期齢（法の部分）は森林法等の目的（法の全体）に照らして不整合な伐期齢～

森林法等の目的（国民経済額という量と質）と整合性のある伐期齢は伐採量という量と効用という質の両者を勘案した伐期齢であるべきです。

標準伐期齢に替って林業市場経済理論を導入した伐期齢を筆者は**経済的伐期齢**と命名しました。参考編の「1　全体と部分」の通り、森林法の目的と部分の「伐期齢」の論理に整合性がなければなりません。

伐期齢を決定する現在の理論的根拠は専ら林学的根拠のみで、その理論的根拠は年間の林木（不動産）の成長量が最も大きい時点で決められています。即ち、伐採量が最大の時期を伐期としています。結局、現行の伐期齢は伐採量という量次元の自然科学のみを理論的根拠としております。国家体制から全体と部分をみても不整合です。森林法の目的の全体はマーケット理論を導入している資本主義国家が採用しています質中心（量も結果としては当然包含されます。）の「国民経済額」であり、一方、部分は共産国等が採用していますす量次元のみの伐採量から求める「標準伐期齢」によって決定しています。したがって、序論でも記述したように**森林法は、頭が資本主義で胴体が共産国の人魚**であると辛辣に表現しました。

一方、不動産鑑定評価基準では不動産の価値の重点は量でなく質、即ち、不動産の効用が最高度に発揮される可能性に視点を当てて（最有効使用の原則を適用）価値基準を決めています。宅地等と同じく不動産である森林にこの理念を置き換えますと材の効用・交換価値・経済価値・市場価値が最高度に発揮される材、実務的には材の効用とか市場価値が高い樹種に決定されるべきです。現行の標準伐期齢のように実務上活用不能な「死に体の伐期齢」でなく「生きている伐期齢」にするためには、どうあるべきかに視点を当ててみました。

森林法上の伐期齢を同法の目的に照らしてどのような理論で決定するかという「部分的な決定方法」は森林法の目的（全体）と整合性がなければなりません。つまり、伐期齢の決定方法は森林・林業基本法の目的である「国民生活の安定向上及び国民経済の健全な発展」に照らしますと森林から生じる国民経済額が最高最善となる伐期齢と読むことができます。また、森林法の目的は国土の保全と国民経済の発展に資するとされています。具体的には、前者の目的は健全な森林を維持・造成・整備し、森林内は勿論、下流の国土全体をも護るべきと読むことができます。一方、後者の目的の国民経済の発展に資することを林業サイドで読みますと林業に係る最高最善の国民経済額を生み出すことであるといえますが、実態は**現在の森林法では「材の経済価値」を考慮外としていますから、結果としての林業に係る国民経済額は最高最善ではありません。**

森林法の目的の一つ「国土保全」は専ら林業という自然科学によるべきことは論を待ちません、と言いたいところですが、単に自然任せの林業でなくドイツのように徹底した自給自足林業を前提とした林業であったなら完璧な国土保全も日本列島の温暖化防止も可能でありました。

もう一つの「国民経済額」の決定はどうあるべきでしょうか。この場合の国民経済額は伐期時の山元立木価格によって指向されます。では、山元立木価格の価格形成要因はどのような要因なのか分析をしてみましょう。単純化しますと

山元立木価格＝［総伐採量×平均販売単価］

の式が成立します。

まず、伐採量の多寡は一般的に成長量の多寡と連動しますから自然科学の分野である林業次元のみの追求で可でしょうか。いいえ、**今後の植林樹種の決定方法は質を中心とした適地適木基準**（どのような種類の土壌等の林地にどのような樹種が適しているかの基準）**で決定されなければなりません。**

マーケット理論を踏まえて新しい植栽（林）基準ができますと植林に採用する樹種は適地適木の樹種と伐期時の材の効用が最大の樹種を新植時に前倒した仮称「効用指数」（19頁表2をお読み頂かないと理解が困難と思います。）とを総合勘案して決定されますから**伐採時点では結果として量次元が最大の樹種の追求のみでよいことになります。**

次いで、販売単価の多寡は材の交換価値とか市場価値の多寡と連動します。

今、実務的に求めたい最高の交換価値とか市場価値は前式の下辺の伐採量（正確には生産量）と**平均販売単価の個々別々の最高価値を求めるのではなく上辺の［山元立木価格］という一つの価格の最高最善の交換価値を求める**ことになります。ということは、植林時の樹種は原則としてΣ伐期材積・山元立木単価が最大の樹種を選択すればよいという結論となります。従前の適地適木基準の中から適地適木に対応した交換価値が最も高い樹種を選択の指標として植林すべきです。

即ち、伐期齢の決定は、森林・林業基本法及び森林法の国民経済額という質次元の目的に照らして**自然科学のみならず人文科学の面をも比較考慮及び比較考量して決定されなければなりません。現在の林業政策は自然科学一辺倒の政策であり、自給自足林業を大前提とした林業計画経済下における林業政策**であって、資本主義国が採用しています**林業市場経済下の林業政策ではありません。白書がいう6つの公益的機能を完遂すること**は、今や林政より高次元の国政の範疇に入りますから**伐期齢の決定も国政の範疇としてマーケット理論（林業市場経済理論）を導入して決定**すべきです。

実務的には日本固有の樹種で最大の効用のある樹種はかのヒトラーも知っていた通り（「水害は人災だ」の本、116頁）ヒノキが飛び抜けてトップですから地域ごとの代表樹種も可能な限りヒノキとし、次善の樹種ごとに「生きた伐期齢（平たくは、植林しても売れる樹種）」として「経済的伐期齢」を決定すべきです。

以上の視点から立木販売の総額が最も有利となる伐採年次の決定方法もマーケット理論を比較考慮及び比較考量すべきであると平成13年12月東京・後楽園の林友会館で「21世紀に森

林を守り育てていくためには」の議題で講演し、平成16年東京・日本記者クラブでは「わが国の森を創るためのビジョン」と題して講演し、その後も大阪倶楽部、複数のロータリークラブ等でも「生きている森を創る必要性」のお話を致しました。

3　森林の持続

「森林の持続」は、本書88頁の【◎　公共財である「森林の持続」は地球サミットのテーマからの命題】である以上、我が国にも課せられた国是です。しかも、本年開催される洞爺湖サミットの議長国が当然守るべき国是です。

しかし、日本の植林比率はゼロ％的であり、世界の常識であったワーストワンの熱帯林より悪化し、熱帯林の10％強の植林比率を抜いて恥ずかしながら日本はワーストワンに転落しています。

如何に森林資源が資源とエネルギーと環境の三者の共通項としても持続が可能(sustainable)でなければ前述の6つの公益的機能を満度に発揮することはできません。

若干、脱線しますが、1992年の地球サミットのテーマの「森林の持続」は「質」のテーマですが、同じく1992年という年は本書でもう一箇所で出てまいります。中国が経済路線を「量」から「質」へ替えた年です。何か共通した絆を感じます。このように世界の大きな流れは「質」です。**日本の林学・林業と北朝鮮等のみが「量」**です。巨大共産国の中国でさえ20年前までは「量」でありました。現時点でも日本国は世界の流れに20年近く遅れているのです。**早期の改革あるのみです。**

「森林による日本列島の温暖化防止対策」のみならず全ての公益的機能の大前提は森林の持続です。森林の持続は、国産材の安定供給が大前提であり、国産材の安定供給が実現して初めて「森林による日本列島の温暖化防止」が実現できるのです。勿論、残りの5つの公益的機能の必須のキーワードも「国産材の安定供給」です。「国産材の安定供給」は「十全な植林・保育の実行」によって成し遂げられるものです。つまり、日本列島の温暖化防止対策も水害皆無も「十全な植林・保育の実行」→「国産材の安定供給」が実現できれば自動的に達成されるわけです。

「十全な植林・保育の実行」の前段こそ「家計引当金の手当」です。

この家計引当金の手当こそ、皆さんが選ぶ国会議員でなければ成し遂げられません。十全な植林・保育を実現するキーワードこそ「家計引当金の手当」であり、この手当が実現できてこそ公共財である森林の整備が可能であり、国民全員が享受できるのはCO_2の吸収後の酸素がいっぱいの新鮮な空気であり、CO_2の吸収後の低下した日本列島の温度です。

勿論、本書12頁の6つの公益的機能も全て同一基調です。「国産材の安定供給」ナクして「森林による日本列島の温暖化防止対策」ナシ等々です。

4　林業のための資金・労力が「無資金的」「無労力的」である具体的な事象

「森林が持続されていない現状」「森林が破壊された原因は何か」を知らなければ「森林を持続するための手段」を見つけることができません。

森林が破壊されたために森林の持続が不能になりましたが、その遠因は、集約的に一ロチャートでは家計引当金の手当皆無→植林引当金等を生活費に流用→無植林・無保育→森林破壊・林業倒産→無資金的→連動して無労力的な林業経済情勢に陥ったからです。

二酸化炭素吸収能力を満度に機能させるための持続可能な森林の維持・造成・整備の期間は一生懸命頑張っても宇宙時間の瞬間と同じく100年を要します。急いでも1世紀の2分の1の時間が必要です。この森林の持続を達成しなければ、子孫の健康は一体どうなるのでしょうか。

本書62頁の【◎　トップ・グループの国会議員及びＮＨＫフォーラム等は「水害は災害」

と誤認】という項目をもう一度ご覧下さい。昨年の11月末のNHKフォーラムで最後の数分間だけですが、登山家の今井通子女史の色紙上の集約「自然（森林）」という字句がアップで目に飛び込んでまいりました。

筆者の知る限り、森林という2文字が水害対策のフォーラム等でお目見えしたのは初めてです。本年からは水害対策は勿論のこと地球温暖化に関するフォーラム等でも自然（森林）という4文字は色紙でなく活発な討議の必須の言葉となることを願って止みません。

注：NHKの水災害のフォーラムで昨年初めて森林が登場しましたのに、本年6月のフォーラムでは水災害対策の入口の論議「森林の討議」は皆無に後退していました。

また、森林を持続するための資金が無資金的故に植林が不能、植林が不能故に水害が発生したという論旨の過去のフォーラム・ビジョン（政府・NHK等）は私が知る限り皆無でした。この「無資金的な林業経済情勢」を前提としなければ21世紀以降のビジョンのキーワード「森林の持続」、更に、森林の持続のキーワード「十全な植林・保育実行」を見出すことはできません。

木材価格が下落した最も基調となる遠因である「不十分な植林・保育の実行」、そして、近因の国産材の供給比率が僅か2割程なるが故の「木材価格の下落」を十二分に理解し、その逆の「十全な植林・保育実行」↓「国産材の供給率の上昇」↓「林業復活」「健全型森林への復活」を**21世紀の目標**としなければなりません。

5　過剰本数は水害発生の近因

◎　緊急水害対策・下草緑化作戦

下草緑化作戦とは、序論で解説済みですが、林野庁が行っています「本数調整伐」と林学次元では全く同じことです。つまり、保育手遅れとか保育皆無のため植林木が過剰本数となり↓陽光地表に届かず↓下草消滅↓渇水・水害が多発の森林を間伐して陽光を地表に届かせ↓下草復活↓渇水・水害を皆無にしようとする緊急水害対策です。

本数調整伐と下草緑化作戦との相違は、間伐（本書１９０頁のイラスト）等という林業としての行為は同じですが、後者の下草緑化作戦は渇水・水害防止は当然間伐により林木が太くなりますから地球温暖化防止対策にも貢献しようとするものです。更に、下草緑化作戦の対象地域は林道等にも近く、肥沃地が多いため、過剰本数のままで推移させると二度と造林地としての復活が不能となり、子孫に負の遺産を残すことになりますので間伐等の目的は前者は林業としての対応ですが、後者の下草緑化作戦は、国家と国民が一体となって、**国民の**

森林に関する関心度第1位の地球温暖化防止は勿論、第2位の水害防止も国民・国家一体の運動にしようという筆者の発想です。

したがって、政府と日銀の調整で家計引当金を手当して頂いて極力間伐を繰り返すことによって更に、6つの公益的機能を復活させ、できれば森林という公共財をも活力のある公共財に復活させようとするものです。

以上の通り、**下草緑化作戦は国家的事業として遂行しよう**とするものです。

したがって、間伐実行はボランティアのお力もお借りしたいですし、森林環境税の力もお借りしたいので国民の皆様に親しみ易い名称としました。

6 植林（栽）比率等がゼロ%的となった事由

この原因は、家計引当金が皆無であるが故と、確認のため表題だけを記載しました。

7 森林が破壊した原因

6と同様に確認のためだけです。家計引当金皆無↓植林・保育引当金を生活費に流用↓無植林・無保育↓森林破壊でしたね。

8「林業市場経済理論」の造語の発想は、不動産鑑定評価基準とフランスで見学したチョンマゲ時代に建築されたコンクリート造マンション

私の職歴は林野庁における勤務が20年間で、以降は現在の不動産鑑定業が丸35年目になろうとしています。以上の外、森林評価について税務大学校の講師、林野庁中堅幹部の講師、森林評価士の養成研修の講師、不動産鑑定士第三次試験実務補修講師もさせて頂きました。以上の講義は森林評価に関して大学・高専以外で行われている林業に関する講義のすべてと思います。したがって、多く見られる机上の空論的な教科書でなく実践理論を教えなければ、つまり、生きている林学を教えなければと、当時としては、マーケット理論の構想がモヤモヤしていたものの生きている林学を実践活動の場にどのように活かせばよいかを悩みに悩んだ結果「自然科学の林学と人文科学の経済学とを融合した学問であるべきだ、森林学等の学問体系こそが21世紀の必須の学問体系である」という思いに至り、林野庁の講師の講義内容及び税務大学校・不動産鑑定士・森林評価士のテキストは筆者独自の生きたテキストとしました。以上のその集大成として「森林〈林地・立木〉評価の大改訂」の本を生むことになりました。

新理論の命名については経済学は素人ながら、あれこれ専門書をつまみ食いしたり、中国

のネジレ理論の「社会主義市場経済」を連想したりしながら、この命名なら林学者にも経済学者にも認めて貰えるだろうと「林業市場経済理論」という名前の誕生となりました。

税務大学校等責務の大きい講師をする中で森林法で現在決められていますスギとかヒノキ等の木の一生の成果品である**木材生産額が最高最善となるべき伐期を決める伐採すべき年次の理論武装は現行の森林法で果たしてできるのだろうか、**という疑問が生じました。大学が37校の外、高専等もあり、専門の教授等が多くいるのに、何故、専門家が生きた伐期齢を発表しないのか、と当初は腹をたてていましたが、勉強する内に、原因は我が国の林学には**マーケット理論が導入されていないからであると、**気が付きました。この発見は市場経済理論を導入した「森林学」でなければ地球サミットのテーマ「質重点の森林の持続」に照らして森林法での伐期齢の理論武装をすることは不可能だと、更に、自信を深めました。

言葉を変えていえば、前述の通り、現在の「**標準伐期齢**」**は非現実的な伐期齢、死んだ伐期齢ですから改訂しない限り**参考編の全体と部分で述べます通り、森林法は、法の目的「全体」と「部分」の伐期齢の**理論武装が不整合な法律となります。**

国家の将来が懸かっています非現実的な現在の標準伐期齢が森林法という法律上正論でないわけですから森林法を改正せざるを得ません。標準伐期齢の最有効使用が「量」である以上、伐期齢を「質」が最有効使用と改訂し、併せて**森林法の基本理念を「林業市場経済路線」に転回しなければなりません。**

生意気ですが、筆者が講師をしました通算20年以上の講義の内容は「**生きている林学はどうあるべきか」と悩み続けましたから「生きている林学内容」**という意味では37**あるどの大学の講義内容より実践の役にたったと自負しています。**その自負に不動産鑑定評価基準と150年程前に建築されたフランスの5階建マンション等が総合判断されて、本邦初の林業市場経済理論が生まれたと思っています。

◎　林業市場経済の証である150年前に建築の5階建マンションをゴッホのモデルの跳ね橋の近くで見学

この古いマンションから**明治時代以前にフランスでは林業についても木材の代替品として林業市場経済が発達していたことを観光旅行で案内され、発見したのです。**そのマンションの場所は、有名なゴッホの跳ね橋から歩いて行けるアルルの街にありました。建築内容は螺旋階段付きコンクリート造5階建マンションでした。片や日本はチョンマゲ、フランスでは5階建のマンションを建築していたのですから当時の国力の差はまさに月とスッポンです。チョンマゲ時代に既にフランスでは5階建のマンションが建築されていたという発見は22回

チョンマゲ時代にフランスで建築
された５階建のマンション

建築時期：日本に初めて黒船来たる頃
昭和62年12月29日筆者写す

のヨーロッパ旅行での最大の収穫でした。超持続の市場経済を踏まえた建物として、いわばノン姉歯物件（建物の**持続期間**が短縮された倒壊予測の高い建物）の発見という意味での収穫でもありました。

この5階建の古くさいコンクリート造のマンションを案内した現地在住のガイドの説明では建築時期はペリーが嘉永6年（1853年［注］）に日本の港に初めて入港した頃との説明がありました。

注　明治以前に5階建のマンションというガイドの説明に疑義を感じて2階位まで昇り、帰国してからの調べでは、コンクリートの建築は、一般的には19世紀初期に発明され、1867年にフランスで金網によって補強されたコンクリート造が最初とされていますので、この写真のマンションこそ1867年築が正しい建築年でしょう。

9　林学から森林学に転換するに際して必要な筆者の造語

この項目については、本書の理解に直接関係する用語以外は、一口概要程度に止めますので必要な方は「大改訂の本」ないしは「ビジョンの本」をお読み下さい。造語した用語は本書で新提言の「比較森林学」以外は「大改訂の本」にも多く記述しましたのでビジョンの本と併記しておきます。ちなみに、本書は、ビジョンの本のダイジェスト版です。

☆「ビジョンの本」、副題「本邦初の林業市場経済理論」の実践理論編です。

一口概要…学問的に全林学者・林野庁・都道府県林業所管の方々に筆者造語の新理論をご理解を得るために上梓しました。

☆本書は、ダイジェスト版であるのと同時に実践普及版です。

☆「水害は人災だ」の本は本書と同様に林業市場経済理論の緊急対策の実践理論編です。

一口概要…森林の持続なかりせば水害は多発。

勿論、本書も「森林の持続なかりせば日本列島の気温は上昇する」と横一線の論理となります。

☆「大改訂の本」は林業市場経済理論の実践理論編です。

一口概要…林地評価方式は収益性を前提とした手法として本邦初の方式であり、一方現行の立木評価方式は死に体の方式であるため林業市場経済を踏まえた生きた方式として「小倉式立木評価方式」を提案しました。

以上の4冊で日本の林学・森林評価に関する大きな問題点はすべて網羅できた、と自負しています。

以下9―1以降の筆者の造語は本書と直接関係しない項目については簡潔な記述としますが、詳細は大改訂の本に、概要はビジョンの本で記述しています。

9―1　林地評価とは実務上森林評価のことを指す、即ち、立木評価を含む（提言）

前述の通り、森林を筆者は公共財と定義したことと同じことを言っています。

森林の法的な定義は森林法第2条（85頁参照）により、「林地」とは「立木」と一体として「森林」と規定されています。森林法第2条は、森林の定義ですが、林地には立木を含む、と読むことができます。

即ち、第2条の定義の論理は9―2「林地の元本理論」により明確となります。

9―2　林地の元本理論（森林法第2条の森林の定義についての森林学上の定義）

①　林地は元本

②　立木は成長資産である果実

③　林地価格は果実である立木価格を前提として把握される

◎　**白書の底流には「森林は生きている」という「林地の元本理論」が必須**

この表題の「林地の元本理論」は森林法第2条の森林の定義用ともいえる理論です。森林を考察する場合にも静態的と動態的な考察があります。白書の頭の森林・林業の森林は動態的な森林の考察です。林業白書が森林・林業白書に改名されたのは、世間で森林という言葉が膾炙されだしたから、と読んだことがありますが、**とんでもない間違いです。従前の林業白書という題名そのものが不適切だったのです。**

林業という公益的私企業によって公共財の森林が維持・造成・整備されますから森林の定義の理解は、林地の元本理論の解説で済みます。したがって、自然科学的・経済学的の両面から自動的に林地には立木を含むことになります。

したがって、森林法第2条で森林の定義は林地には立木を含むとされています。林業は林地という元本があればこそ立木という果実で生業をたてることができるのです。

林地と立木（生きている、という自然科学上は林木でしょう。）の集合体が森林である、との読みもできます。

一例をあげますと「緑のダム」とは「森林という名のダム」です。既に述べましたように下草がある林地と葉のある立木から落下して形成された落葉層により、即ち、林地と立木が一体となって初めて水害皆無・渇水皆無とできるのです。

二酸化炭素吸収能力にしても生きている林地である元本から生まれる果実の立木があればこそ地上の立木の材積が年々増加して二酸化炭素吸収量を増やしていくのです。勿論、すべての公益的機能も以下同文的です。

森林が有する本書12頁の6つの公益的機能から得られる効用は、稀少性を有せず、その財の処分に対して対価を払う必要が空気・水と同様に全くない自由財です。

動態的な「林地の元本理論」は提言の森林学の第一章に必ず記述されるべきですし、白書の思想の底流に流れていなければならない、と思料します。

9―3　生産林・非生産林ゾーン（63～68頁）

森林（林地及び立木）が本来有する収益性に着目して森林のうち、**立木の純収益がプラス**

かマイナスかで森林を区分することをEUの「条件不利地域」という思想から発想しました。そのような有価か負価かの考え方で区分したのが「生産林ゾーン」と「非生産林ゾーン」です。**森林の区分は地球サミットのテーマ「森林の持続」に照らし、「森林の持続」の形態別に皆伐ゾーン（生産林ゾーン）と非皆伐ゾーン（非生産林ゾーン）に区分すべきとの**考えを持つに至りました。

9―4　森林の区分を森林と里山森林に大分類

地価調査の「林地の区分」に関して後日、日本不動産鑑定協会が行う予定の地価調査委員会の林地専門部会で開陳の予定でしたが、ある政党のプランに対する実践上の必要性から繰り上げて本書で「小倉提案」としての記述です。

この項目の前提として9―1～9―3の理解が必要です。

まず、この区分を本書で初めて造語しましたのは9―1で「林地評価」とは「森林評価」を指す、と解説しました通り現在の林地は公共事業の用に供する場合も林業の用に供する場合も全不動産鑑定士が両者を混線して現在も含めて40年間も誤用していますので現在の地価調査の区分に準じて「林業の用に供する林地とは森林を指す」ことを明確にするためには本邦初の林業の用に供する林地、つまり、前述の通り、林地の区分を**森林の区分に改訂する必**

然性があります。

この新造語の「森林の区分」は参考編「4　地域は動く、森林も動く」の中で記述します通り地価調査の林地の区分「都市近郊林地・農村林地・林業本場林地・山村奥地林地」は既に昭和30年代後半には大きく動いていたとの考えにたっています。この区分は白書が昭和35年の未植林比率を49・6％と公表した時点辺りでの「林地区分」の決定ですから、この区分は決定の出発時点から既に大きく動いていたにもかかわらず当時の建設省は森林・林業白書すら見ていなかったことになります。即ち、林地地域の実態、つまり、価格形成要因の把握を的確に把握していなかったといえます。ですから実態に対応した適切な価格は如何かな、と思料します。ここでも林地評価の不的確さが窺えます。更に、森林・林業基本計画に準拠した9―3「生産林・非生産林ゾーン」の考え方も比較考慮して新しい森林の区分を次の通り提言致します。

里山森林は地価調査の区分である公共の用に供する林地区分「都市近郊林地」を林業の用に供する林地、つまり、「森林」に対応させて区分した地域です。

通常、里山森林は森林と住宅地域の間に位置し、レクリエーション・森林浴・キャンプ場等保健休養施設等の利用等環境の用に主として供する森林であって、また、青少年の教育の場にも供される森林です。

◎　白書の森林区分に対応した本書の区分

序論でも記述しましたように、白書の森林区分は定量分析が無くて定性分析だけであるため、実践上、当該区分の範囲を現地に落とす指針とはなり得ませんので本書では、特に、実践上重要な資源の循環利用林には明確な定量分析を加えました。

(1)　資源の循環利用林・・・・生産林

(2)　水土保全林・・・・・・非生産林（原則として伐期到来後も伐ってはいけない禁伐の森林）

(3)　森林と人との共生林・・・非生産林（同上）・里山森林

9—5　森林収益率

9—2の林地の元本理論を実践理論として定量化した比率で、森林収益率とは山元立木価格を林地価格で除した比率であり、当該森林の収益性の程度が判定できます。森林収益率が実用化された場合、現在のように林地・立木別の取引だけでなく森林法第2条の**森林の定義に照らした森林の取引の適正な指標となり得ると思料**しています。林道網計画の作成に際しても森林の経済的効果の判定にも応用できる外応用範囲も広いと思料します。

それより重要なのは前述の通り、子孫のため日本列島の温度を低い温度にする目的のため、原則として禁伐の非生産林を伐採が可能な生産林に転換して二酸化炭素の固定の回転が永久回転できるように非生産林から**生産林に可能な限り転換すべき責務が政府にあります。**その場合、林道新設の投下資本の収益性を判定する場合に、この森林収益率は一つの指標となります。

9—6　山元立木価格の公表（提言）

森林法上の森林の定義では林地と立木は一体とされているにもかかわらず林地価格だけが国民の取引の指標として当初に国土庁（現在の国交省）所管で公表されていますが、何故か、立木価格も取引が慣行化されているのに全く考慮外です。即ち、公共財としての森林の評価は我が国では森林の部分である立木価格の公表は皆無である、という意味での公表の提言です。

実務上、この9—6は、森林ないしは山元立木の取引に当たって指標となります。特に、林家は市場での**取引価格が全く不詳な立木（潜在価格の山元立木価格）を売却するに当たって適切な純収益（家計引当金等各引当金）算出のための指標となるものです。**また、**森林組合の請負・伐出業者の業務の指針ともなります。**

山元立木価格の公表の必要性は、山元立木価格は原木市場では判明しない潜在価格であって、**複雑性・困難性・所要日数・多額な調査経費及び所要人員・宿泊調査の頻度等宅地鑑定の比ではありません**。そのうえ、森林法で林地は立木と一体と定義されながら林地価格は従前の国土庁（現在は都道府県知事）から公表し、山元立木価格は全く公表されていないという**2つの官公庁（当初の国土庁と林野庁）に林地と立木を分けた国家行政の落度でもあります**。森林価格のうちの**各部分としての**林地価格・立木価格と位置づけ、森林（林地・立木）価格として公表すべきです。

大改訂の本の第3部第2編第2章第2節新設すべき「山元立木価格表」で林業政策の指針の必須資料（国政の指針ともなります。112～114頁）として記述しています。従前の**国土庁公表の「林地基準地（価格）」と同一ポイントに「山元立木基準地（価格）」の公表の提言を「大改訂の本」で既に記述して上梓しています**。

9―7　現実林分収穫表の緊急的作成

白書の定量分析の間違いは材積で最低で4割、収益で実額と同程度と前述しましたが、これら「幻」の数値の基礎資料は理想林分収穫表の数量ですから**適切な現実林分収穫表の早期作成が望まれます**（大改訂の本．113～114頁）。

この現実林分収穫表は可及的速やかに公表されることを改めてお願いしておきます。

9—8　収益性比準方式（比準価格）

適切な林地価格を求めるためには収益性を前提とすることが必然ですが、過去40年間程そうでなかったため、**初めて対応させた方式**です。

9—9　標準的植栽（植林でも可）基準・経済的捨切《すてぎり》基準・経済的間伐基準・経済的伐期齢（97～101頁）

右記の内「経済的間伐基準」は残る主伐木のため間伐をしたものの木材価格の下落と搬出費のかかり増のため森林内に間伐木が放置され、その間伐木が雨台風時に流木となって**道路・橋梁・港湾等へ2次災害を生じさせないための造語**です。この流木とさせないための経済的間伐基準は林業技術の粋による基準であるため解説は割愛します。

◎　経済的間伐基準が「流木」の2次災害を皆無とする

実践後は健全な森林の整備に繋がります。**農水省のみならず国交省等も含めた国政として対応**すべき問題です。林野庁次元からは主伐・間伐の径級と材価の相関関係から流木を生じさせない**新しい間伐基準の作成の必要性**も訴えています。この基準は専門的なためビジョンの本をお読み下さい。

専門的過ぎますから必要な方は、ビジョンの本をお読み頂くとして、必ず、林野庁で造語の趣旨に対応した経済的間伐基準を大至急作成願いたいと思います。**新しい間伐基準ができれば、**流木によって破壊される鉄橋・橋梁・堤防・港湾施設の**被害がゼロとなるのです。**国土交通省と林野庁とは相互に大きく関連します。

早急に対処をお願いします。

9—10　分散主伐（121頁）

天然下種更新（風で飛んでくる種子により更新する手法）に際しての**非皆伐の手法**です。

9—11　小倉式立木評価方式（大改訂の本、77～92頁）

誰も気付かなかった**家計引当金等の各引当金の算出**には必須の方式です。

以上、まだ頭脳的・肉体的残存耐用年数が10年はあって欲しいとは思うものの、この本が上梓される今年の4月26日の誕生日がきても未だ未だ満80歳の若年寄（？）ながら赤い血が滾り、**国家のため、国民のため「森林の持続」が何故重要か、現在の林業政策では、何故不能なのか、**21世紀以降の視野としては、**この林政を国政に押し上げて現在の不能を可能にしなければ**世界の流れが「森林の持続」「地球温暖化防止」「森林による環境の重点施策」であることに鑑み**「日本国」は「世界からの非難」を受けることは必至だと考えます。**そのような重要性のうち国民に最も関心度が高い「日本列島の温暖化防止対策」に焦点を当てて本論を終わります。

参考編　林業市場経済理論の基本的考え方

ビジョンの本は副題として「本邦初の林業市場経済理論」と銘打ちましたが、本書はビジョンの本のダイジェスト版であるためビジョンの本の第1部「林業市場経済理論」第1編「基本的考察」第1章「林業市場経済理論」の必要性は重複するため除外し、第2章「林業市場経済理論」の基本的考え方は、全林学者、林業関係の方々向けに記述しましたので今回は経済学を学ばれた方も多いと考え「参考」に格下げ、内容も概要としました。

前述の通り「水害対策」「日本列島の温暖化防止」等6つの公益的機能すべての実現は「森林の持続」が大前提となります。つまり、**政府により家計引当金の手当が実現されれば**後は半ば自動的に「十全な植林・保育の実行」→「国産材の安定供給」が大前提となります。**この大前提を実現するためのキーワードが家計引当金（相当額も含む）**の手当です。

「森林の持続」の完遂は立木一代の成果品（純収益）である伐期収入の金額の内訳として最低、植林費・保育費の各引当金及び植林・保育を実行するための林業経営者の家計引当金が見込まれなければなりません。

ところが、現在の林業政策（林政）の基本路線は林業計画経済路線であるため、この「量」中心の伐期収入では立木一代の永久回転（森林の持続）が不可能です。

いいえ、不可能でなく、白書が採用しています林業経営分析の基礎資料は試算結果が極めて大きな間違いと試算される極めて不適切な資料でありました。また、経営分析の手法も不適切でありました。その上、その間違い等を指導した林業計画経済路線が絶対的なものだ、と信じていたからです。**1世紀半もの長い長い間、信じて疑わなかった信念が林業倒産・森林破壊・国有林野事業の縮小の原因であった**と筆者は思料しています。

最も理解し易い事象は、前述で簡単に説明済みの平成12年度の林業白書の68頁の「図Ⅲ―5造林投資の利回り相当率の推移」です。この資料を公表するための基礎資料とすべき各年度の各樹種の伐期収入の試算に当たって採用した「注3の立木価格」は現実の「量」プラス最低4割相当の「偽の量」を加算した理想林分収穫表の数量を伐期材積としています。この4割相当の「幻」分を含んだ伐期材積に対応する立木価格は最低8割の幻分を含んだ立木価格となり、この価格を基礎に日本林業のビジョンをたてていました。「注4の主伐収入」もビジョン樹立の基礎資料ですが、理想林分収穫表を採用し、その収穫表で求めた材積に乗じる立木価格も前記と同じく8割の幻分を含んでいます（注：推察していた通り、平成20年度の白書における山元立木価格算出の基調も本書で指摘している通り大々間違いです。）。この図Ⅲ−5の基礎資料である伐期収入の算出方法は、結果論として、どのような意味を持つ収入なのか誰一人として説明できる者はいないはずです。このような文句よりも、この内容の伐期収入を試算したということは「量」重点の林業路線なるが故に「家計引当金の必要性」の意識すら皆無であったと裏付けできるのです。ということは、その結果が現在の末期的な林業・森林の状態を招いてしまったと筆者は断言するものです。この白書の間違い路線の点からだけでも林業市場経済への転回の必然性を読むことができます。

更に、ビジョンの本の参考資料（例：林家が山元立木を販売する手段の一つとして森林組合に請け負わせた「山元立木価格の実態調書」等）のように現地の林業収益の実態を把握しておれば、もっと早く白書の間違いを林学会自体で発見できたはずです。ドイツ林学の上に140年間あぐらをかき、自給自足林業が終焉した関東大震災、戦中の強制伐採以降も、断絶した自給自足林業の補強の手当をせずに、戦後もドイツ林業の「自給自足林業の長所」だけを踏襲した現在路線を決定した林学会の答申の責任は極めて重いと考えます。

筆者は、明治政府が樹立した林政が「質」中心の林業市場経済理論であったなら日本は外

林齢	スギ（万円）	ヒノキ（万円）
50	78	102
70	166	281
90	175	337

材の輸入も局部的で森林は持続され、緑豊かな、美しい国であったはずであり、渇水・水害が皆無の安心して住める国であったと思料しています。明治初頭でなくても、せめて昭和27年に林野庁への答申（16頁）が市場経済路線であったなら外材の輸入は大きく限定され、森林は生き生きと国家の繁栄に貢献し、国家の繁栄に寄与していたはずです。

現在は、末期の不良資産型森林（１４４頁表４）に転落してしまいましたが、末期の不良資産型とはいえ現時点では、何とか林業市場経済路線へ転回できる、即ち、復帰可能な林木の原資は未だ残っているラスト・チャンスとの思いに至りましたのでビジョンの本の発行により全国の林学者・林野庁及び地方自治体の林業所管の幹部・同ＯＢに信を問うことにしました。発行から10か月を経ても反論は全く無くクレームも皆無のため、改めて林業市場経済理論の実践書として国民の皆様に本書をお読み願うため上梓しました。

専門家でない方への解説方法は難しいのですが、植林樹種の代表選手のスギとヒノキを例として林業計画経済理論（代表樹種はスギ）と林業市場経済理論（代表樹種はヒノキ）の各林齢ごとの伐期収入（価格時点は平成13年4月1日）をビジョンの本の142頁表3から拾って比較してみました。

以上でスギとヒノキの伐期収入の格差の程度の大筋はお分かり頂けたでしょう。

このような両者の価格差でも予測の原則等を駆使すれば価格差は3割程度に誘導できる、とビジョンの本を「日本中、ヒノキ造の戸建住宅の建築が可能」としたのです。

□　森林・林業に係る哲学的・経済学的思考

1　全体と部分

政治の世界で「総論賛成」でありながら「各論反対」がややもすればみられます。このことは「全体」と「部分」が不整合であることを物語っています。

森林法の場合、総論の目的の国民経済額は資本主義国家としての経済額ですが、各論の「標準伐期齢」は資本主義国が採用していない共産国・自給自足林業の林業計画経済路線下の伐期齢ですから総論の全体と各論の部分は不整合です。

したがって、部分を林業市場経済路線の経済的伐期齢に改訂しなければなりません。

法律・法令等の、通常第1条の目的に照らして各条は整合性があるように組み立てられています。即ち、全体の目的と部分の各条は整合性があって当然です。

林業市場経済理論と最も身近な森林法及び森林・林業基本法の目的と各論との整合性を見ますと目的として「国土保全」と「国民経済」の健全な発展を図ることと2つありますが、後者の目的達成のための伐期齢は当然「経済的伐期齢」でなければ全体と部分が不整合となりますが、前述の通り前者の「国土保全」も水害発生の遠因が「家計引当金の手当が皆無」ですから「経済的伐期齢」を前提としなければ国土保全も不十分な結果となります。以上の観点も踏まえて「経済的伐期齢」を造語しました。

目的と不整合な伐期齢であると発見しました経済的な根拠は後述します「不動産鑑定評価基準」での経済原則の「最有効使用の原則」でありました。

2　時間

時間の概念は経済理論のうち経済静学・経済動学として分析されるものですが、ここでは不動産、特に、森林の時間の概念を平たく記述致します。

時の経過、時間をどのように考えるか。昨日とは何か、今日とは何か、明日とは何かをどのように考えるかということです。

物理的に、一日とは太陽の南中から南中を指します。この一日の連続は太陽と地球の相対的位置が静止することなく日の出時間、日の入り時間等の一定の規則性をもって変わりますから日々が異なり、日本の場合寒暖の差で春夏秋冬が経験されます。

地球の滅亡がない限り時間は無限一次系列によって表現され、昨日、今日、明日は、この系列上のある一点に過ぎないわけです。では、今日と明日の相違は何でしょうか。

ここでいう時間とは、「今日の午後12時と明日の午前0時とは同じ時間である」という人間の利便性による区分だけのことです。

この利便性の区分を次の通り森林・林業に当て嵌めてみました。

◎　山元立木市場及び搬出市場の理解なくして的確な白書の作成は不能

経済学上、経済の過程は通常、「生産」「分配」「消費」に分けていますが、**森林・林業に係る経済の過程**を上述の時間の観念で分類しますと時間を中心とするチャートは次のようになります。次のチャートの以前には苗木の生産があり、未来には、次期以降の立木一代の回転等が考えられます。

以上の通り、**重複しています時間は、「生産の終期と分配の始期」と「分配の終期と消費**

過去→	時間	→ 時間	→ 時間	→ 時間	→未来
	生産の始期	→生産の終期			
		分配の始期	→分配の終期		
			消費の始期	→消費の終期	

の始期」の2つです。このことの解釈としては、まず、**生産の終期の生産額と分配の始期の分配額は同額である**ことを示しています。

即ち、木材生産量×山元立木価格＝生産額（山元立木価格の総額）＝分配額（木材に係る国民経済額）となります。

この国民経済額は森林法の目的であることに注目して下さい。つまり、総国民経済額の一部が林業に係る生産の終期としての山元立木価格という国民経済額です。

したがって、森林法の目的の全体として試算される国民経済額に対応してその部分である生産の終期の山元立木価格も全国民経済額の部分でなければなりません。**ここでも現行の林業計画経済下での林学でなく林業市場経済下での森林学を駆使しなければならない必然性**が認められます。さて、分配の始期は通常、林家による山元立木の販売であり、分配の終期は、最寄りの木材市場ないしは若干遠隔地の木材市場での販売です。次に、分配の終期の全木材販売量（木材市場販売量）＝全消費過程の販売量

との式が成立します。金額としては

全木材市場販売額×α（消費過程の利潤率・消費税等）＝全木材消費額

の式が成立します。消費の始期は通常、木材市場、製材所で終期は日曜大工店、大工、コンビニ等に細分されます。

現在の林学（筆者の提案では森林学等）・林業には、以上の観念が欠落していたため、森林・林業白書にも市場の概念として山元立木市場・搬出市場それに苗木市場の記述そのものが欠落しています。これら市場が欠落していては的確な将来予測はたてられません。

欠落した一口事由は、生産・分配・消費の時系列的な動態分析の欠如といえましょう。**これらの市場の欠落も白書の致命的な誤りです**。市場の概念の定義等が無いため、先に指摘しました「造林投資利回りの試算にかかる伐期収入の定義」も的確でなかったため、当該造林投資利回りの試算が間違ったことになります。

不動産鑑定評価基準の第1部第1章第3節の不動産の鑑定評価で「不動産の鑑定評価は、**この一連の価格秩序の中で、その不動産の価格がどのような所に位するかを指摘することである」と記述されています**。森林の評価も不動産の鑑定評価も概念は同じですから経済の過程の三者である生産→分配→消費を**一連の価格秩序**で思考しても「山元立木市場・同価格」

「搬出市場・同価格」の欠落が発見できたはずです。なお、消費の始期時点（分配の終期）での国民経済額を試算する必要性も生じましょう。

序論の通り、この林地・立木とも潜在市場です。潜在市場の場合は林家及び一般消費者も判別できるようにこの潜在価格を評価する専門職業家である森林評価士に潜在価格から顕在価格に評価替えをして貰わなければなりません。ちなみに、不動産鑑定評価基準の立法趣旨の一つに宅地価格等は潜在市場で成立する故に宅地価格等の決定は鑑定の専門家に依らざるを得ないという趣旨もあったはずです。したがって、国民のため、国民経済額の把握のため不動産鑑定士という専門家の育成が必須だという趣旨だったはずです。森林評価士が行う立木評価を含む林地評価及び単独の立木評価も不動産鑑定士と同様に潜在価格を決定する専門家ですから高度の国家試験であるべきです。読者は、日本列島の温暖化防止対策の本に何故、異質な立木評価の記述が必要なのか、と怪訝に思われると思いますが、現在のような強度の不良資産型森林を健全型森林として持続するためには、生活費が皆無の状態を解消するための原資である「家計引当金」の調達が必須です。そして、この「家計引当金」を試算するためには森林評価（的確な方式が皆無のため対応する立木評価方式を含みます。）の総論程度は必要となります。

的確な山元立木価格の評価、とりわけ、その価格の中の「適切な家計引当金」を算出のためには現今の不良資産型森林の経営分析を行わなければプランの作成は不能です。経営分析を行うためには森林（林地・立木）評価を行わないと分析が不能です。不良資産型森林の経営分析を行ったのは拙書の「森林（林地・立木）評価の大改訂」が初めてであり、目下、拙書以外に適切な著書はありませんから潜在市場で発生する山元立木価格の中でも家計引当金の算出には「大改訂の本」の中で記述していますが**小倉式立木評価方式**（40年程も続いている死に体の方式に対応した方式）**を活用しなければ家計引当金の有無の判断は不能**です。ですから何もある政党のプランだけに異議があるわけではなく、当該プランを間接に指導した林学の基本路線及び林政路線に異議を申したてているだけです。

3　林地の元本理論と森林収益率（57～63頁。本書9―2と9―5）

前述しました通り森林学の基礎理論です。

4　地域は動く、森林も動く

前述の「2　時間」で経済静学と経済動学があると申しましたが、経済動学として不動産鑑定評価基準で、不動産の属する地域は固定的なものでなく、常に拡大、縮小、集中拡散、発展衰退等の変化の過程にあるものであるから不動産の利用形態が最適なものであるかどうか、仮に現在最適なものであっても、時の経過に伴ってこれを持続できるかどうか、これらは常に検討されなければなりません。したがって、不動産の価格は通常、過去と将来とにわたる長期的な考慮の下に形成されます。「**今日は昨日の展開であり、明日を反映するものであって常に変化の過程にあるものである。**」と記述されています。

森林とて昨日、今日、明日と変化の過程にあります。

◎ 地価調査の適正な林地価格は現行の不適切な「林地区分」をまず、適切な「森林の区分」に改訂することが大前提

本書及び森林法上の森林の定義と関連して、国交省所管事項ながら地価調査の「林地区分」は森林法第2条との関連の上からも現在の「林地の区分」を「森林の区分」に改訂すべき必然性があります。

まず、森林法違反の林地区分を森林区分と改訂し、40年程前に制定された地価調査の区分では都市近郊林地・農村林地・林業本場林地・山村奥地林地と決められていますが、白書によりますと、この区分が制定された以前の**昭和35年には既に未植林比率が半分弱**となり、10

年後の昭和45年には半分強となったわけですから当時の国土庁による地価調査の区分が決定された時点では、既に林業不況、**森林破壊**（白書での植栽比率は、昭和35年の50・4％、昭和45年の42・9％、昭和55年の18・6％より推測）**が相当進んでいたはず**で現在では家計引当金が皆無という森林法上の伐期齢では純収益が赤字という状態です。したがって、**林業本場林地は地価調査の区分がなされた当時半ば死に体の区分になっていたはず**です。また、農村林地のみならず他の各地域とも農村比率が多いと思います。更に林家の農業兼業比率も考慮する必要があります。**農業兼業といっても農業収入のうち農業外収入がほとんど**（95％）**という実態も踏まえる必要**があります。

ある政党のプランにも顔を出しています中山間地域は、当初は地域農業の実態を統計的に把握する目的でしたが、現在では、生活問題や社会問題、国土保全問題、環境問題という概念に変わっていますが、**農業外収入比率が100近い農業に重点をおいた当該地域の名称に実効性があるのか否か疑問**に思います。

本書の9—3で生産林の定義の組立方は以上の考え方とEUの不利益地域とを併せ考慮した場合、**現在の地価調査の林業本場地域とか農村林地とかの**4つの林地の地域区分を小倉流では前述の通り9—4で**「森林の区分（森林・里山森林）」を対案として新提言**致しました。その事由は動かないかに見える森林（林地・立木）が地価調査の区分の規定がなされた当時既に大きく動いていたからです。特に、白書の資料で前述の通り昭和35年時点では**既に経営悪化により離村等で開店休業とか業種変更に追い込まれていたはず**です。このように実態と乖離しています国家・国民の取引の指標となるべき重要な地価調査の区分は早急に改正する必要があります。定性分析としては**地域区分が不適切なら評価される林地価格も必然的に不適切となります**。まず、第一に基準地の設定位置は立法趣旨からは、全ポイント共、筆者提言の**山元立木価格が有価である生産林の森林地域内に位置していなければならないことになります**。したがって、地価調査の全ポイントは生産林の森林地域内でなければ伐るにも伐れない森林となります。もし、ポイントが非生産林の森林地域内なら取引の指標とはなりませんからポイントとして設定する意義は皆無です。この機会に国政における**林業の地盤を改めて見てみたいと思います**。

ビジョンの本及び本書で述べましたように、**これまでは水害対策とか二酸化炭素吸収問題は現在までは林政の問題でしたが、ビジョンの本と本書により、これら問題は明らかに林政次元でなく国政の問題だ**、とご理解頂けたと思います。

国政に占める他の林業問題も巨大な国交省の影で林野庁は蚊帳の外へ置かれて森林法の条

文から森林とすべきであるのに林地として林業に係る森林（林地・立木）評価を林地評価とし、国民の指標となるべき地価調査の林地区分でさえ前述の通り決定時点から40年間程も不適切な林地区分とされていました。

更に、森林区分とすべきですから山元立木価格も公示すべき必然性があります。森林区分であるべきを森林法違反の林地区分とし、林地区分が地域の変動以前から不適切なままですから森林評価士・不動産鑑定士に適正な価格を求めよと叱咤激励しても適正な価格を求めることはできません。以上のことは31年間に亘り筆者一人が国土庁、鑑定協会へ発信してまいりました。一昨年地価調査委員会で発言の予定でしたが、上京時、人身事故のため発言の機会を逸したので本書で提言しておきます。

5　生産林・非生産林別の山元立木価格と林地の元本理論

◎　林地の取引の指標とすべき地価調査の林地の基準地の設定は生産林内が必然

表題の理解がなければ林業に係る将来の再生へのプランの策定はできません。

したがって、ビジョンの本の生産林・非生産林ゾーン別の林地価格の内訳（65～68頁）だけを転記しておきます。林地価格は収益不動産である立木の元本価格（林地の元本理論よ

表：生産林・非生産林別林地価格の収益権相当価格と所有権相当価格

	生産林ゾーン	非生産林ゾーン
森林価格の部分である立木価格（山元立木価格）	＊　有価	負価
森林価格の部分である林地価格	収益権相当価格と所有権相当価格	所有権相当価格のみ

＊有価：森林内の立木価格（山元立木価格という純収益）
＝丸太価格という総収益ー伐木・造材・搬出・金利等の総費用
有価とは上記式が有価の場合で負価とは同上式の結果が負価の場合を指します。

り）ですから当該立木が有価の場合の林地価格には収益権相当価格を有しています。また、林地には財産権があり、所有権の対象となりますから林地価格には果実である**立木価格の有無によって生産林ゾーンは収益権相当価格と所有権相当価格を有し、非生産林ゾーンは所有権相当価格のみを有します**。

同じ事由で取引の指標とすべき地価調査の林地基準地は山元立木価格が黒字でなければ立法趣旨に沿いません。即ち、生産林内であることが必須です。この場合、林道網の整備等の影響により当該範囲は固定的でないことに留意しなければなりません。

以上を一覧表にしたのが上の表です。

6　最有効使用の原則の基調である経済原則

極大の原則が基調であり、**「最小費用の最大効果」ともいわれます。**この極大の原則を山元立木価格に当て嵌めますと次のように分析できます。

21世紀の林野行政ひいては国政もこの「最小費用の最大効果」をキャッチフレーズとすべきでしょう。

(1)　最大の効果（前述の通り伐採量という量及び効用・経済価値を比較考慮及び比較考量した原木価格・［山元立木価格ないしは丸太価格］）

(2)　最小の費用（創意工夫等による最小の伐木・搬出費・金利・消費税等）

(3)　最大余剰の原則(1)―(2)の最大余剰の山元立木価格

7　造林補助金

造林補助金は、辻正次先生のご教示により、林家の生活費皆無の解消方法として浮上しました政府・日銀による企業と家計の調整に深く関わってくることでしょう。造林補助金以外にも搬出機械の補助金とか助成金等もあります。造林補助金は投資実額の約7割程度の財政支出です。森林・林業百科事典によりますと造林事業は私的経済行為（筆者提言は公益的私企業）であるが、長期かつ低利の事業であって資本制経済機構のもとにおいてはその投資誘因が薄弱なため森林資源の増強・国土の広域的保全などの公共的要請を十分に満たしがたいので、これを克服して計画的な造林事業の実行を確保するため森林法第１９３条に基づきなされる財政支出である、と記述されています。

8　現在の立木評価方式は死に体の方式、対案は小倉式立木評価方式

立木評価方式の主流であったグラーゼル近似式は40年以上も前から実践の用に全く供することのできない**死に体の方式**と化しました。この方式は、極めて専門的であるため、本書としては記載を省略しました。経済的伐期齢の決定に際しては、林業市場経済を踏まえて、森林評価士の試験に合格した直後の息子が発案した小倉式立木評価方式を採用しました。

21世紀の明るい日本の森林・林業の将来のため、森林法の目的の一つである林業に係る適正な国民経済額を求めるため**林業市場経済理論の導入という「意識改革」が早期に実現できるよう祈念するものです**。

以上で「あとがき」を除いて本書の記述が終わり、**地球サミットのテーマ「森林の持続」を実現するためには林業市場経済理論で理論武装すべきであるとご理解を得ることができた**

と思います。このことは、とりもなおさず現在の林学から森林学へ名実ともに名称変更すべきだと同時にご理解賜ったと思います。

本書の結論

◎ 植林比率ゼロ％的の日本は、世界のワーストワン、それでも環境の先進国か

この「本書の結論」の表題を当初、書名にしようかと考えたのですが、洞爺湖サミットの議長国としては、外国に目立つ書名にすべきでない、と撤回を決断したフレーズです。

つまり、大至急、**林業市場経済路線への転回**→**家計引当金の手当**→十全な植林（保育）の実行→植林比率の上昇→日本列島の温度を下げられる、となります。以上の速やかな実践により植林比率のワーストワンから早急に脱皮するしか道はありません。

植林比率のワーストワンの根拠は、日本の植林比率は白書の昭和35年度から10年ごとの急激な下落率をふまえた平成12年度の植林比率が６・４％及び無植林の実態より本書は現時点ではゼロ％的と推定しました。

世界では、朝日新聞社の公表・同社発行の２００２年版（平成14年）の「智恵蔵５１２頁

森林破壊」で「熱帯林の植林面積は、消失面積に対して依然として1割強にとどまってい る。」と記述されています。したがって、日本の植林比率はゼロ％的ですから両者を総合判断しますと日本は世界の最下位と推察されます。

最後に、近年林業倒産等の林家から買収した健全な植林の造成を目的としない、資産保全の目的のみの、1社だけでも1000haにも及ぶ大面積所有者が出現していますが、21世紀の林業政策では以上の所有者と林家には明確な線引きの必要性があると思料しています。

あとがき

本書の原本であるビジョンの本での「林業市場経済理論の立上げ」はクラスメートで昭和時代に県の部課長経験者であった辻・西尾両君から25年程前「白書の経営分析内容と自分達が肌で感じた林家の経営内容との温度差はもの凄く大きい。温度差の事由は分からないが、その温度差は、プラス温度とマイナス温度の差程も感じていた。林業と鑑定士としての経営分析の両者を知っている小倉、時間がとれ次第、日本林業のため分析してくれ」との話から始まりました。やっと平成9年頃から分析を始め、毎年夏に開かれる三重大学林学会の理事会で経過報告を5年程続けていましたが、理事会での報告内容を林野庁のＯＢがキャッチしたのでしょう。前述の平成13年12月の東京・小石川での「21世紀の森林を守り育てていくためには」の講演をし、三重大学で講演をしたり、三重大学の会報で解説したりして本邦初の林業市場経済理論の提言本であるビジョンの本の上梓へと繋がっております。

36年前、不動産鑑定士になったのは一口表現では官僚という体質が馴染まない等のため署長当時に脱サラを決意し、その手段として受験用に読んだ不動産鑑定評価基準の「基本的考察」が「林業市場経済理論」を造語するヒントになるとは思ってもみませんでした。

まず、鑑定士になって3年目に林地部会の幹事を命じられ、当時の国土庁の鑑定官等に拙書「森林〈林地・立木〉評価の大改訂」に記述しています内容を国土庁の指示は不適切だから改訂の必要があると発信してもすべて黙殺、鑑定協会の会長宛に文書で同様の発信をしても黙殺されましたが、5年程前に㈶日本不動産鑑定協会増田副会長に筆者の正論を認めて頂き、前述の大改訂の本を上梓でき、30年以上続けてやっと正論を上梓できました。

ビジョンの本の上梓前にも林業の月刊雑誌への投稿を拒否される等の言論統制という閉鎖的な厚い壁にあいました。

林野庁を脱サラして市場経済が底流の不動産鑑定士故に林学・林業も「市場経済」へ転換すべき必然性を発見し、ビジョンの本で「林業市場経済理論」を立ち上げ、本書はビジョンの本の国民向けのダイジェスト版として温暖化防止の方法論を世に問うことができましたので、結果として、神のお告げによる脱サラであった感がしております。

「森林に関する遺言」のつもりで約10年間で、このダイジェスト版以前に3冊「水害は人災だ―森は死んでいる―」「森林〈林地・立木〉評価の大改訂」「環境に直結する日本林業再生のビジョン・本邦初の林業市場経済理論」の本を朝は3時頃から夜9時頃まで土・日無しで頑張り、途中、腹部大動脈瘤の手術で入院、その間二度の三途の川駅までの往復の危機もあり、ベッドの上でビジョンの本の組立ての原稿を書き、ビジョンの本は、本当の「小倉からの遺言」の本となるところでした。本書の結論は、この荒廃した日本の森林を救うためには林業市場経済路線へ転回するしか外に道がないと結びました。

白書を国会へ提出するまでには年度当15名以内の総理から任命された学識経験者の指導がありますから本書は、昭和39年度から延６５０人にも及ぶ学識経験者の方々への批判、それも、最も重要な林業の経営分析の金額等が間違いであると指摘しました。

不動産鑑定士の筆者一人で多くの先生方を批判することになりましたが、「生きた林学」の会得では人後に落ちない自負から筆者のいう路線は間違っていない、また、国是としての森林による温暖化防止対策のため、自信を持って上梓することができました。

書店での○○の見方・買い方の題名の本は「山の見方・買い方」が第1号とのことです。

この「山の見方・買い方」は筆者の初めての「生きた林業・林学」の本です。何故か私とは全く無縁の出版社の社長が我が社へ来られ、名刺交換をして初めて清文社の久我社長と知り、期待に応えて発行部数は相当になり、２冊目の「林地・立木の評価」は不動産鑑定士と森林評価士向けの生きた林学の本が本邦には皆無のため、当時の国土庁と林野庁の指導内容に不十分な点があるものの、了承を得ていないため不十分のまま実務者の要望で上梓しましたが、東京・神田の古本屋で3800円の本が2万円とインターネットで分かったと教えて貰った時は、生きた林学の執筆者としての喜びを初めて味わうことができました。4冊目の大改訂の本は2冊目の不十分な点、つまり、当時の国土庁・林野庁の森林・林業に関する間違い・不十分な点を31年間発信し続けた点を纏めて上梓しました。3冊目の「水害は人災だ—森は死んでいる—」は総理の「水害は災害」という誤認を解くため、つまり、「水害を皆無としたドイツ」等の事実を記述した「水害は人災だ」を上梓し、直訴しましたところ翌年の施政方針演説は「先人の教え」によるとの演説にして頂きました。この本は国民向けP・R誌になると自負しています。

多くの指摘の原点を改めて考えてみますと、筆者自身の林学・林業の人生は一貫して「生きた」林業・林学の追究でした。結果論でいえば、生きた林業はどうあるべきかに悩み、悩んだ林業から逆に反省しながら林学の勉強を独学でしてきたのが事実です。大学の専門課程は、2年生の後期である9月から始まります。その9月の1か月、真面目に授業を受けました。その1か月の結論は、授業の中味が明治時代と全く同じということを発見し、卒業まで専ら、美術やら哲学等卒業してから勉強できないであろう科目ばかり学芸学部で受け、現在でも一般教養の取得単位は大学全体でもトップクラスだと思っています。その結果、1人だけの追試、追試の連続で39人中39番でやっと卒業させて貰いました。林業のリの字も知らない身では公務員試験を受けられるはずはなく、一方、会社への推薦は勿論ありませんから、身から出た錆とはいえ、せめて大学浪人とならない手段として専攻の教授の紹介で岐阜・土岐津治山事業所のニコヨンと言われた林野庁の日給240《ニコヨン》円の日雇作業員をし、生まれて初めて受験勉強というものを必死で味わって人事院試験に合格ができ、林野庁入庁後2年目に部下5人の林野庁の最先端の森林の駐在さんの仕事を2年間北海道の北見近くで生きた林業・林学の勉強をさせて頂き、その後は、北海道と三重で営林署の係長各2年間の勤務の後、第一線である営林署の造林・立木評価の所管課長を1年間、次長を2年間、署長を2年間で林野庁の実歴17年間の内11年間の第一線の実務経験で営林署に多くある専門書を読みながら会得した生きた林業から生きた林学の勉強を独学でさせて頂きました。その一例が後記のイラストの小倉流間伐の指針です。

第一線卒業後の林野庁課長補佐の仕事は林業計画経済路線の総括の仕事であり、この国有林の路線はそのまま国全体の路線となっており、筆者が全国へ旗を振った路線の反省にたっての上梓となりました。脱サラ後も乞われて通算30年間程大学等以外の林業に係る講師はす

森林学（生きた林学）での「間伐の指針」

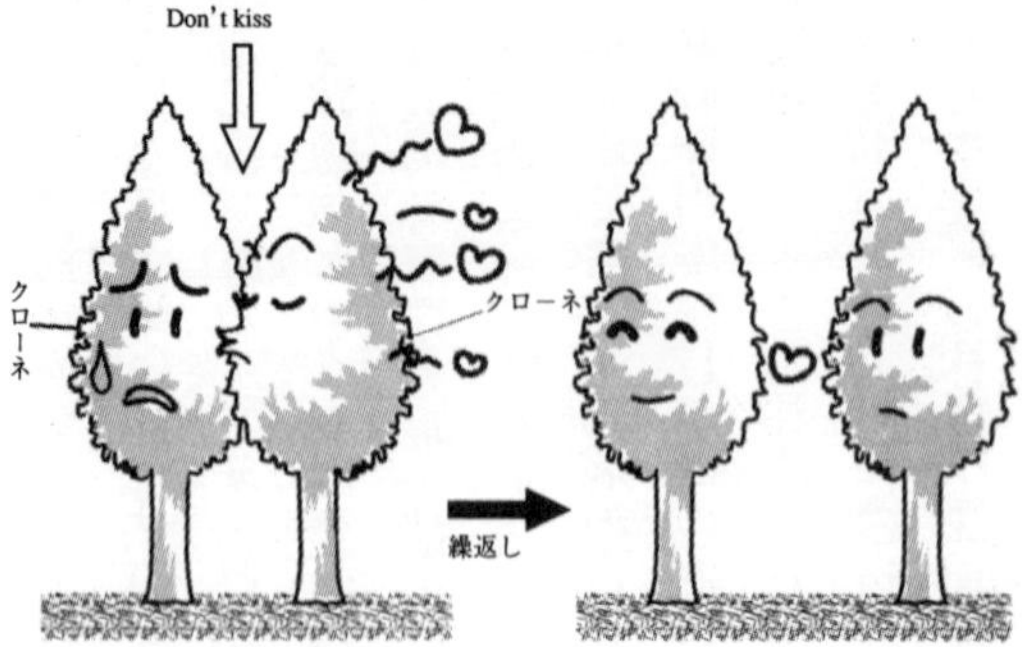

間伐は国民生活向上の原点（自然的・経済的等総合的な観点より）

間伐の指針：樹冠をキッスさせない間伐→陽光地表に届く→林木成長・下草発生→木材供給量増加・二酸化炭素吸収及び固定・全公益的機能向上

べて一手引受でしたから筆者なりの「生きた林学」に磨きをかけるチャンスとなりました。

一度は林学とサヨナラしたものの、外部から見て基本路線が死んでいると発見しての新路線の立上げとなりました。

私自身は、成績の悪さ故に受験することすら許されなかったスベラズの3浪（小・旧制中、新制大学卒業時の3回）という聞いたこともない劣等生。そして、生まれて初めて鶏が鳴くまでの勉強でキャリア入庁。その中では筆者一人だけの脱サラ。脱サラを決意した主な事由は、馴染まない役人、長男が小・中の9年で6回もの転校のことでした。

仕事振りは社会党の機関誌「社会新報」の一面のトップ記事に「地方自治体を侵害する営林署長」と誤報（大きいガラガラ声故に町長をするし上げたとの誤解）される程のヤンチャ振り、また、労働組合から上部組合から応援態勢の拠点闘争を打たれて、署長の方から団体交渉を打ち切った外数々のヤンチャ署長時代のこと。その前の次長時代には署内の風通しを良くするため署長の了解のもと4人の課長の応援により署員の7割（明治以降の空前絶後の大異動）もの人事異動を強行したこと等々、私自身も私以外では聞いたこともない数々のヤンチャな、家内も知らない自叙伝の原稿がパソコンに既に書いてあるため、この後は、それらを整理して家内のお陰でヤンチャができたと自叙伝でもってお礼に代えたいと思っています。

今回、受験すら許されなかった3浪経験者の落第生が書いた日本の林学・森林を根本的に変えようとする真面目な本書は如何でしたでしょうか。欲をいえば、余命があるなら先に上梓しました「水害は人災だ」の本と本書を纏めて、次の世代の森林の持続の担い手である小・中・高校生向の初・中級編を書きたい気持ちでいっぱいです。

最後に、植林比率ゼロ％的からの脱皮は、ＩＰＣＣ（気候変動に関する政府間パネル）では、短期的に最も効果的な排出削減手段だと分析していることを総理を初め全国会議員の方々には再認識頂き、この**日本国が森林減少面では後進国という事実からの這い上がりに全力投球をお願い致します。**即ち、国連のＦＡＯ（国連食糧農業機関）は、温室効果ガス排出量と森林減少によるＣＯ$_2$排出量と同等と見なしていることに改めて思いを馳せて頂きたいのです。

本書80頁で追記しましたＮＨＫの日曜フォーラムで某党の代表から発言のありました「森林によるＣＯ$_2$の削減目標３・８％は困難」の３・８％は白書と同様、民有林における現実林分収穫表が皆無の事実より不適切な「理想林分収穫表の成長量」を基礎資料としている、と読んでいます。

平成20年6月8日

小倉康彦

☆　執筆者略歴

小倉康彦（おぐらやすひこ）三重県生まれ

昭和28年　三重大学農学部林学科卒業

昭和28年　国家公務員一種試験合格（当時は６級職試験）

昭和29年　林野庁採用

昭和40年　倉吉営林署長・鳥取県森林審議会委員

昭和42年　大阪営林局経営計画担当監査官

昭和44年　林野庁計画課森林計画官

昭和44年　林野庁計画課国有林担当課長補佐

昭和47年　不動産鑑定士第三次試験合格

昭和49年　林野庁退職、同時に近畿中部不動産鑑定事務所を創設

☆　現在　株式会社　近畿中部総合鑑定所代表取締役

社団法人　日本不動産鑑定協会研究指導委員会林地専門委員

森林評価士（「評価部門の林業技士」が名称変更。登録番号名誉第一号）・不動産鑑定士

☆　講師略歴

不動産鑑定士実務補習（林地・立木）

林野庁中堅幹部研修

大阪国税局資産税担当者研修

国税庁税務大学校

森林評価士養成研修

三重・徳島県庁・静岡県林業会議所等の研修

☆　講演

◆本邦初の林業市場経済理論於三重大学

◆林野庁ＯＢ対象「21世紀の森林を護り育てていくためには」

於東京・林友会館
◆林家・一般対象「我が国の森を創るためのビジョン」於東京・日本記者クラブ
◆水害は人災だ—森は死んでいる於大阪・大阪倶楽部
◆ロータリークラブ（地域別クラブ名は多数・講演議題多種）
◆その他三重県庁・各種団体等多数
☆ 著書（全書とも発行日は第１刷の発行月・清文社発行）
★昭和56年５月：山の見方・買い方）注：初級向けの入門書が本邦では皆無故と当時の故久我社長が当社へ依頼に来られて執筆
★平成９年３月：林地・立木の評価（長男康秀との共著）
★平成17年11月：水害は人災だ—森は死んでいる—
（本書：ミドリによる日本列島の温暖化防止対策の実践理論本）
★平成18年12月：森林（林地・立木）評価の大改訂（長男康秀との共著。基本路線の間違い点を31年間も関係者に発信してきた内容の大改訂版）
（本書：ミドリによる日本列島の温暖化防止対策の実践理論本）
★平成19年５月：環境に直結する日本林業再生のビジョン
副題：本邦初の林業市場経済理論
（本書：ミドリによる日本列島の温暖化防止対策の論理の原本）

内は参考文献

☆ 発行所 ㈱近畿中部総合鑑定所
〒 540－0004 大阪市中央区玉造１－18－５
電話 06－6761－3232 ㈹・FAX 06－6761－3218
ホームページアドレス：http//www..kinkichubu.jp/

ミドリによる日本列島の温暖化防止対策

2008年7月31日　発行

著　者
発行者　小倉《おぐら》　康彦《やすひこ》©

発売所　株式会社　清文社

大阪市北区天神橋2丁目北2の6（大和南森町ビル）
〒530－0041　電話 06（6135）4050　FAX 06（6135）4059
東京都千代田区神田司町2の8の4（吹田屋ビル）
〒101－0048　電話 03（5289）9931　FAX 03（5289）9917

株式会社　廣済堂

ISBN978-4-433-38008-3